DIE PHYSIKALISCHEN UND TECHNISCHEN GRUNDLAGEN DER HOCHFREQUENZBEHANDLUNG

DIATHERMIE · ARSONVALISATION · KURZWELLEN

VON

DR. MED. ET PHIL. **HANS WEISZ**

MIT EINEM GELEITWORT VON

J. KOWARSCHIK

MIT 36 TEXTABBILDUNGEN

WIEN
VERLAG VON JULIUS SPRINGER
1935

ISBN-13: 978-3-7091-9642-7 e-ISBN-13: 978-3-7091-9889-6
DOI: 10.1007/978-3-7091-9889-6

Geleitwort.

Unter den physikalischen Heilmethoden nimmt heute die Elektrotherapie den ersten Rang ein. Insbesondere ist es die Behandlung mit Hochfrequenzströmen, der in den letzten Jahren ein besonderes Interesse entgegengebracht wird. Gegenüber der Hochfrequenztherapie sind die alten Methoden der Elektrotherapie, wie Galvanisation und Faradisation, ganz in den Hintergrund getreten.

Die Entwicklung der Hochfrequenztherapie ist auf das engste mit den Fortschritten der Radiotechnik bzw. mit denen des Rundfunks verknüpft. Die Erfindung der Löschfunkenstrecke durch M. WIEN brachte uns den Übergang von der Arsonvalisation, der ältesten Methode der Hochfrequenzbehandlung, zur Diathermie. Während die Erfolge der Arsonvalisation noch vielfach umstritten waren, hat die Diathermie der Hochfrequenztherapie die allgemeine Anerkennung verschafft. Ihre biologische Wirksamkeit und ihre therapeutischen Erfolge konnten nicht mehr angezweifelt werden. Die Diathermie ist heute die verbreitetste Methode der Elektrotherapie. In den letzten Jahren hat sich nun in der Radiotechnik ein weiterer Fortschritt vollzogen, indem die Löschfunkenstrecke durch die Elektronenröhre ersetzt wurde. Dadurch ist es möglich geworden, Wechselströme sehr hoher Frequenz oder, was dasselbe ist, sehr kurzer Wellenlänge bei genügend hoher Leistung zu erzeugen. Dieser technische Fortschritt brachte uns in der Medizin die Kurzwellentherapie.

Aus diesen wenigen Tatsachen ist die enge Verbundenheit ersichtlich, die zwischen Hochfrequenztherapie und Hochfrequenztechnik besteht. Der Konstruktion eines neuen verbesserten Hochfrequenzgenerators folgt jeweils ein neuer Fortschritt in der Therapie. Arsonvalisation, Diathermie und Kurzwellentherapie kennzeichnen so drei technische Entwicklungsstufen.

Jeder, der das Wesen der Hochfrequenztherapie, ihre Apparate und deren Anwendung beherrschen will, muß sich daher mit den physikalischen und technischen Grundlagen dieser Methode vertraut machen. Im besonderen wird der wissenschaftlich arbeitende Arzt das Bedürfnis haben, die physikalisch-technischen Grundlagen etwas näher kennenzulernen. In den von Medizinern geschriebenen Lehrbüchern der Elektrotherapie, Diathermie und Kurzwellentherapie sind diese Grundlagen in der allerknappsten Form dargestellt. Sie können daher nur das bringen, was für den allgemeinen Praktiker unentbehrlich ist. Die von Physikern und Technikern verfaßten Werke lassen wohl an Ausführlichkeit nichts zu wünschen übrig, sind dafür aber in einer Sprache geschrieben, die dem Arzt so gut wie unverständlich ist. Die mathematisch-physikalischen Kenntnisse, welche diese Bücher voraussetzen, gehen weit über das durchschnittliche Wissen des Arztes hinaus. Die Gleichungen und Formeln, in welche sich ihre Lehren kleiden, vermögen ihm keine Vorstellungen zu vermitteln.

H. Weisz hat es nun unternommen, diese physikalisch-mathematische Geheimsprache in ein auch dem Arzt verständliches Idiom zu übersetzen. Er schien für diese Aufgabe dadurch in besonderer Weise befähigt, daß er sowohl Arzt wie Physiker ist. Da er die Sprache beider kennt und beherrscht, ist er in der Lage, den Vermittler, den Dolmetsch zwischen ihnen abzugeben.

Die zum Teil nicht ganz einfachen Vorstellungen über das Wesen und die Wirkung der Hochfrequenzströme sind in dem Büchlein auf die einfachste, jedem Laien verständliche Form gebracht, auf eine Form, die weder physikalische noch technische Kenntnisse zur Voraussetzung hat. Es wird so dem Arzt in leichter und müheloser Weise helfen, sein Wissen nach der physikalischen und technischen Seite hin zu erweitern. Für den Arzt wird ein solches Wissen nicht allein Selbstzweck sein, es wird in letzter Linie auch in einer Verbesserung seiner therapeutischen Technik und damit in einer Verbesserung seiner therapeutischen Erfolge zur Auswirkung kommen.

Wien, im Februar 1935. **J. Kowarschik.**

Inhaltsverzeichnis.

Grundbegriffe und Einheiten.

Ladung und Strom. Jeder Stoff besteht aus chemisch nicht weiter zerlegbaren Elementarteilchen, den Atomen. Diese selbst sind in komplizierter Art aus Trägern positiver Ladungen, den Protonen, und aus negativ elektrisch geladenen Teilchen, den Elektronen, aufgebaut. Ein Atom, in dem die Anzahl der Elektronen gleich der Anzahl der Protonen ist, heißt elektrisch neutral. Je nachdem, ob Protonen oder Elektronen an Zahl überwiegen, wird ihm eine positive oder negative Ladung zugeschrieben. Genau dasselbe gilt für eine beliebige Gesamtheit von Atomen, mithin für jeden Körper. Wandern elektrisch geladene Teilchen, dann sprechen wir von einem elektrischen Strom. Bekanntlich haben manche Stoffe die Fähigkeit, den Strom zu leiten, sie heißen aus diesem Grunde Leiter, während andere Stoffe (Isolatoren) den Durchgang des elektrischen Stromes nicht gestatten. Man unterscheidet Leiter erster und zweiter Klasse. Zur ersten Klasse gehören die Metalle. Fließt in einem Metall ein Strom, dann vollzieht sich im wesentlichen eine Elektronenwanderung in der Richtung des Stromes, während die positiv geladenen Atombestandteile ihren Platz behalten. Zur zweiten Klasse gehören die Lösungen von Säuren, Basen und Salzen. Löst man beispielsweise ein Salz im Wasser auf, dann tritt ein Vorgang ein, den man Jonisation nennt. Die Salzmoleküle zerfallen in Atome bzw. in Atomkomplexe mit positiven und negativen Ladungen. Ein Atom oder eine Gesamtheit von Atomen mit bestimmter elektrischer Ladung heißt Jon. Wird ein Leiter zweiter Klasse von einem elektrischen Strom durchsetzt, dann wandern die positiven und negativen Jonen nach entgegengesetzten Richtungen.

Stromstärke, Widerstand, Spannung. Gewisse Begriffe — Stromstärke, Widerstand, Spannung —, die zur Beschreibung des elektrischen Stromflusses unentbehrlich sind, können sehr gut mit Hilfe hydrodynamischer Analogien erläutert werden. Unter Stromstärke versteht man jene Elektrizitätsmenge, die in der Sekunde einen beliebig gewählten Querschnitt des Leiters passiert. Haben wir einen Leiter erster Klasse vor uns, so könnten wir die Stromstärke durch Zählung der Elektronen, die in der Sekunde durch einen bestimmten Querschnitt hindurchgehen, charakterisieren. Aber auch wenn wir eine einfache Methode hätten, die Zählung tatsächlich durchzuführen, wäre es unzweckmäßig, den Strom in dieser Weise zu messen. Denn die Stromstärken, die praktisch vorkommen, könnten nur durch außerordentlich hohe Zahlenwerte wiedergegeben werden. Aus diesem Grunde verwendet man für die Stromstärke eine andere Einheit, das Ampere. Ein Strom hat die Stärke von einem Ampere, wenn ein beliebiger Querschnitt in der Sekunde von $6{,}25 \cdot 10^{18}$ Elektronen durchsetzt wird. Die Gesamtheit der Ladungen der eben erwähnten Elektronenzahl heißt ein Coulomb. Man kann daher auch sagen, in einem Leiter fließe ein Strom von einem Ampere, wenn ein beliebiger Querschnitt in der Sekunde von einem Coulomb durchflossen wird.

Die Größe der Elektronenzahl, die ein Coulomb enthält, möge an folgendem Beispiel veranschaulicht werden. Nehmen wir an, ein Elektron sei ein Kügelchen von 1 mm Durchmesser, dann würden die aneinandergereihten Elektronen eine Kette von 6 Billionen km Länge bilden. Sie wäre 150000000mal so lang wie der Erdumfang.

Nun zum Begriff des Widerstandes. Wie ein Rohr einem Flüssigkeitsstrom, so setzt auch jeder Leiter dem elektrischen Strom einen Widerstand entgegen. Der Widerstand ist um so größer, je länger der Leiter und je kleiner der Querschnitt ist. Bei gleicher Form hängt der Widerstand noch von der Eigenart des Stoffes ab. Quantitativ ist er durch die Formel gegeben: $\varrho \frac{l}{q}$, dabei bedeutet l die Länge, q den Querschnitt und ϱ eine Materialkonstante.

Die Einheit des Widerstandes ist das Ohm. Es ist jener Widerstand, den eine Quecksilbersäule von 1 qmm Querschnitt und 1,063 m Länge dem elektrischen Strom entgegensetzt.

Man spricht oft auch von der Leitfähigkeit eines Körpers und versteht darunter den reziproken Wert des Widerstandes. Dementsprechend ist die Leitfähigkeit eines Körpers um so besser, je größer sein Querschnitt und je geringer seine Länge ist.

Damit elektrische Ladungen trotz des Widerstandes eine Wanderung ausführen, muß eine Kraft vorhanden sein, die die Ladungen treibt. Sie heißt elektromotorische Kraft oder Spannung. Ihr Analogon in der Hydrodynamik ist die Niveaudifferenz von Flüssigkeiten, die in verschiedenen Gefäßen untergebracht sind. Wird durch ein Rohr eine Verbindung hergestellt, so fließt so lange ein Flüssigkeitsstrom, bis die Flüssigkeitsspiegel dieselbe Höhe haben und somit die Niveaudifferenz aufgehoben ist. Laden wir eine Stelle eines Metallstückes in irgendeiner Weise auf, so entsteht zwischen ihr und dem restlichen Anteile des Metalles eine „elektrische Niveaudifferenz", eine Spannung. Sie gibt zur Entstehung eines elektrischen Stromes Anlaß, der solange fließt, bis ein vollständiger Spannungsausgleich erfolgt ist. Die Niveaudifferenz von Flüssigkeiten ist nur deshalb wirksam, weil die Schwerkraft die Wasserteilchen zwingt, eine möglichst tiefe Lage einzunehmen. Wie wir später noch genauer sehen werden, ist auch die elektrische Spannung durch bestimmte Kräfte hervorgerufen. Diese sind jedoch nicht an das Vorhandensein von Massen, sondern von elektrischen Ladungen gebunden.

Ohmsches Gesetz. Stromstärke, Widerstand und Spannung sind durch ein einfaches Gesetz, das Ohmsche Gesetz, miteinander verknüpft. Es besagt folgendes: Bei ein und demselben Widerstand fließt ein um so stärkerer Strom, je größer die Spannung ist. Bei ein und derselben Spannung ist der Strom um so stärker, je geringer der Widerstand ist. Bei ein und derselben Stromstärke ist die Spannung um so höher, je größer der Widerstand ist. In mathematischer Fassung lautet das Gesetz: $V = J \,.\, W$. Dabei bedeutet V die Spannung, J die Stromstärke und W den Widerstand. Der Transport elektrischer Ladungen ist mit einer bestimmten Arbeit verbunden. Arbeit pro Sekunde heißt Leistung. Sie wird in Watt gemessen und ist zahlenmäßig gleich dem Produkt von Stromstärke und Spannung. Bezeichnen wir die Leistung mit E, dann ist E gleich $J \,.\, V$ oder, wenn wir für V den Ausdruck $J \,.\, R$ einsetzen, $E = J^2 \,.\, R$. Fließt beispielsweise durch ein Metallstück ein Strom von 2 Ampere und besteht an den Enden des Leiters eine Spannung von 3 Volt, dann hat der Strom eine Leistung von $2 \,.\, 3 = 6$ Watt. Die Leistung tritt in ihrer Gänze als Wärme in Erscheinung. Ein Watt entspricht 0,24 cal. Daher ist die in der Sekunde entstehende Wärmemenge

$C = VJ \,.\, 0{,}24$ cal. $= J^2R \,.\, 0{,}24$ cal. Lassen wir den Strom t Sekunden lang fließen, dann ist die Wärmemenge $t$mal so groß. Daher gilt für sie die Formel: $W = J^2\, R\, t \,.\, 0{,}24$ cal.

Kirchhoffsches Gesetz. Es ist von Wichtigkeit, die Verteilung der Stromstärken zu kennen, wenn der Strom die Möglichkeit hat, zwei verschiedene Wege gleichzeitig zu bentüzen (Abb. 1). Darüber gibt das Kirchhoffsche Gesetz Auskunft. Die Stromstärke im Leiter L gemessen, ist gleich der Summe der Stromstärken in L_1 und L_2. Die Teilstromstärken sind dabei den Teilwiderständen verkehrt proportional. Durch den geringen Widerstand fließt mehr Strom, durch den größeren Widerstand weniger Strom. (Genau dasselbe Verhalten können wir beobachten, wenn wir einen Flüssigkeitsstrom durch ein gegabeltes Rohrsystem leiten.) Machen wir uns den Sachverhalt noch an einem einfachen Beispiel klar: L_1 habe den Widerstand von 1 Ohm, L_2 den Widerstand von 2 Ohm. Die Stromstärke in L sei 3 Ampere. Dann verteilt sich der Strom so, daß durch den geringeren Widerstand L_1 2 Ampere und durch den größeren Widerstand L_2 1 Ampere gehen.

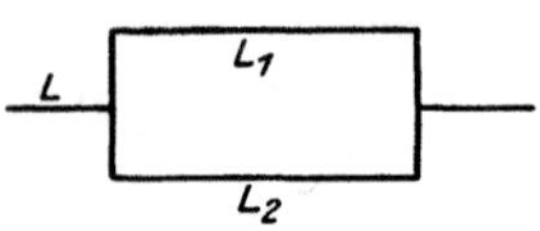

Abb. 1. Stromfluß durch zwei parallel geschaltete Leiter.

Die mathematische Fassung des Kirchhoffschen Gesetzes lautet: $J_1 + J_2 = J$, $J_1 : J_2 = R_2 : R_1$. J ist die Gesamtstromstärke, J_1, J_2 die Teilstromstärken, R_1, R_2 die entsprechenden Teilwiderstände. Besteht zwischen den Endpunkten der Stromverzweigung die Spannung V, so erhalten wir unter Benützung des Ohmschen Gesetzes $J_1 = \frac{V}{R_1}$, $J_2 = \frac{V}{R_2}$, $J = \frac{V}{R}$. R ist der Gesamtwiderstand beider Wege. Aus $J_1 + J_2 = J$ folgt $\frac{V}{R_1} + \frac{V}{R_2} = \frac{V}{R}$ oder nach Streichung von V: $\frac{1}{R_1} + \frac{1}{R_3} = \frac{1}{R}$. In Worten: Der reziproke Wert des Gesamtwiderstandes ist gleich der Summe der reziproken Werte der Teilwiderstände. Es ist leicht einzusehen, daß der Gesamtwiderstand immer kleiner ist als jeder der Teilwiderstände.

Vektor und Kraftfeld. Eine Kraft, die an einer Stelle des Raumes wirkt, kann durch Angabe von Größe und Richtung genau beschrieben werden. Denken wir uns an der Wirkungsstelle der Kraft eine Strecke eingezeichnet, deren Richtung mit der Richtung der Kraft zusammenfällt und deren Länge die Größe der Kraft in irgendeinem Maßstabe wiedergibt, so ist damit die Kraft genügend charakterisiert. Eine gerichtete Strecke führt den Namen Vektor. Vektoren eignen sich nicht nur zur Darstellung von Kräften, sondern von gerichteten Größen überhaupt. So kann beispielsweise die Geschwindigkeit eines sich bewegenden Körpers durch einen Vektor versinnbildlicht werden. Seine Richtung zeigt an, wohin sich das Teilchen bewegt, seine Länge ist gleich dem Betrage der Geschwindigkeit. Es kann nun sein, daß in jedem Punkt des Raumes eine bestimmte Kraft herrscht. Die Gesamtheit aller Kräfte bildet ein Kraftfeld. Ein geeignetes Beispiel hierfür ist das Gravitationsfeld. Bekanntlich üben ja zwei Körper eine Anziehungskraft aufeinander aus, die um so größer ist, je größer die Massen der Körper und je geringer ihr Abstand ist (Newtonsches Gesetz). Stellen wir uns nun vor, daß etwa eine Masse von der Größe unserer Erde sich ganz allein im Weltraum befände. Bringen wir an eine beliebige Stelle des Raumes eine zweite Masse, so wird sie mit einer bestimmten Kraft zur Erde hingezogen. Diese Kraft können wir nur dadurch beschreiben, daß wir dem Raumpunkt einen Vektor zuweisen, dessen Richtung mit der Richtung der Anziehung zusammenfällt, dessen Größe das Ausmaß der Anziehung darstellt. Denken wir uns in jedem Raumpunkt den entsprechenden Vektor eingetragen, so würde die Gesamtheit aller Vektoren das Gravitationsfeld zur Darstellung bringen.

Elektrische Anziehung und Abstoßung. Ganz ähnliche Verhältnisse liegen bei Vorhandensein elektrischer Ladungen vor. Als Grundgesetz gilt: Entgegengesetzte Ladungen ziehen einander an, gleichnamige stoßen einander ab. Die Kraft, mit der dies geschieht, ist der Größe der Ladungen direkt proportional und nimmt mit dem Quadrat der Entfernung ab (Coulombsches Gesetz). Es gilt die Formel: $K = \frac{e_1 e_2}{r^2}$, dabei bedeutet K die Größe der Kraft, e_1, e_2 die Größe der Ladungen und r ihren Abstand.

Würde sich im ganzen Raum nur ein einziger positiv geladener Körper befinden, so ist durch dieses Gesetz genau vorgeschrieben, mit welcher Kraft ein in bestimmter Art gewählter Probekörper an jedem Punkt angezogen bzw. abgestoßen wird. Die Gesamtheit der in allen Punkten vorhandenen Kräfte bildet das elektrische Feld. Die Kraft selbst heißt elektrische Feldstärke.

Bei Benützung des Coulombschen Gesetzes gewinnen wir nunmehr eine bessere Vorstellung von dem Entstehen einer elektrischen Spannung. Nehmen wir einen beliebigen Leiter, etwa einen Draht, so wirken auf jedes geladene Teilchen anziehende oder abstoßende Kräfte von seiten aller übrigen geladenen Teilchen ein. Damit in dem Leiter kein Strom fließe, ist es notwendig, daß für ein bestimmtes Teilchen alle einwirkenden Kräfte einander die Waage halten, so daß das Teilchen in Ruhe bleiben kann. Wird diese Gleichgewichtslage gestört, etwa dadurch, daß wir an einer beliebigen Stelle Ladungen zuführen, so ist der Gleichgewichtszustand aufgehoben. Es tritt eine Spannung auf. In dem Leiter wird so lange ein Strom fließen, bis die hinzugekommenen Ladungen so verteilt sind, daß ein neuer Gleichgewichtszustand eingetreten ist.

Zusammenfassend kann gesagt werden: Das Auftreten einer Spannung ist gleichbedeutend mit einem gestörten Gleichgewicht der elektrischen Ladungen. Gleichgewicht herrscht dann, wenn alle Kräfte, die auf ein bestimmt geladenes Partikelchen von allen übrigen Ladungen ausgeübt werden, sich gegenseitig aufheben.

Elektrische Influenz. Mit Hilfe des Coulombschen Gesetzes wird auch die Erscheinung der elektrischen Influenz verständlich. Es handelt sich dabei um die Änderung der Ladungsverteilung eines in ein elektrisches Feld gebrachten Leiters. Machen wir die Annahme, es sei im Raum ein Körper mit einer positiven Ladung. Er erzeugt, wie wir wissen, im ganzen Raum ein elektrisches Feld. Bringen wir nun eine Metallkugel in die Nähe des Körpers, so tritt in der Metallkugel eine neue Ladungsverteilung ein, indem sich an der Seite, die dem positiv geladenen Körper zugewendet ist, negative Ladungen ansammeln, während es an der abgewandten Seite zu einem relativen Überwiegen positiver Ladungen kommt (Abb. 2). Das beruht darauf, daß der positiv geladene Körper negative Ladungen anzieht, positive aber abstößt, und diese Wirkung auch im Bereiche der Metallkugel äußert. Obwohl in der Metallkugel selbst das Ladungsgleichgewicht gestört ist, besteht dennoch zwischen zwei Punkten der Metallkugel keine Spannung. Auf jede Ladung innerhalb der Metallkugel wirken

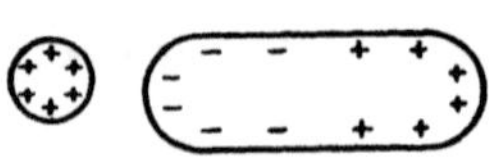

Abb. 2. Elektrische Influenz.

nämlich nicht nur alle übrigen Ladungen der Metallkugel, sondern auch noch der positiv geladene Körper außerhalb der Metallkugel ein. Die Gesamtheit der inneren Kräfte würde sich zwar nicht aufheben, zusammen mit der äußeren Kraft ergibt sich aber eine Resultierende von der Stärke Null.

Feldstärke und Feldlinie. Denken wir uns in einem Punkt die Richtung der Feldstärke eingezeichnet und gehen wir nun in dieser Richtung ein kleines Stückchen weiter (Abb. 3). In dem nun erreichten Punkt zeichnen wir neuerlich die Feldstärke ein und gehen auf ihr wieder ein Stückchen weiter. Fahren wir in dieser Weise fort, so erhalten wir einen beliebig lang fortsetzbaren Streckenzug. Nehmen wir die Entfernungen der Punkte immer kleiner, so erhalten wir schließlich eine Kurve, die man Feldlinie nennt. Die Richtung der Kurve ist in jedem Punkt durch die Tangente gegeben, ihre Richtung ist die Richtung der dort herrschenden Feldstärke, was aus der Art der Entstehung der Feldlinien ohne weiteres verständlich ist. Der Verlauf der Feldlinien kann sehr verschieden sein. Der einfachste Fall liegt vor, wenn sich im ganzen Raum nur eine einzige Ladung befindet. Dann verlaufen die Feldlinien von dem Körper ausgehend radiär nach allen Seiten, da ja nur einfache Anziehungen oder Abstoßungen in Frage kommen. Sind aber zahlreiche Ladungen im Raum verteilt, dann ist der Verlauf der Feldlinien sehr kompliziert und unter Umständen sehr schwer bestimmbar.

Abb. 3. Feldstärke und Feldlinie.

Kondensatoren. Gebilde, die die Fähigkeit haben, größere Ladungsmengen aufzuspeichern, heißen Kondensatoren. Zu den am häufigsten verwendeten Formen gehört der Plattenkondensator. Er besteht im einfachsten Fall aus zwei kreisförmigen Metallscheiben, zwischen denen ein gewisser Luftabstand besteht. Verbindet man die Platten mit den beiden Polen einer Stromquelle, so fließt nur solange ein Strom, als zwischen Stromquelle und Platten ein Spannungsgefälle besteht. Ist dies nicht mehr der Fall, hört der Stromfluß auf. Auf der einen Platte befindet sich dann eine bestimmte positive, auf der anderen Platte eine gleich große negative Elektrizitätsmenge. Zwischen den Platten herrscht eine gewisse Spannung. Bei gleicher Spannung nehmen verschiedene Kondensatoren um so größere Elektrizitätsmengen auf, je größer ihr Fassungsvermögen, ihre Kapazität ist. Vergleicht man einen Kondensator mit einem Gefäß, dann entspricht der Kapazität das Volumen. Die Einheit für die Kapazität ist das Farad. Ein Kondensator hat eine Kapazität von einem Farad, wenn bei einer Aufladung von einem Coulomb zwischen den Platten eine Spannung von einem Volt besteht. Zwischen den drei Größen: Spannung, Elektrizitätsmenge und Kapazität besteht ganz allgemein eine einfache Beziehung: $Q = C \,.\, V$. Dabei ist V die Spannung in Volt, Q die Elektrizitätsmenge in Coulomb und C die Kapazität in Farad.

Die Kapazität eines Plattenkondensators ist um so größer, je größer die Platten sind und je näher sie zueinander stehen. Die Kapazität kann durch Einbringen eines geeigneten Mediums in den Plattenzwischenraum auf ein Vielfaches ihres Wertes gebracht werden. Die Zahl, mit der die Kapazität bei Anwendung eines bestimmten Mediums zu multiplizieren ist, heißt Dielektrizitätskonstante des Mediums. Man bezeichnet sie im allgemeinen mit dem Buchstaben ε.

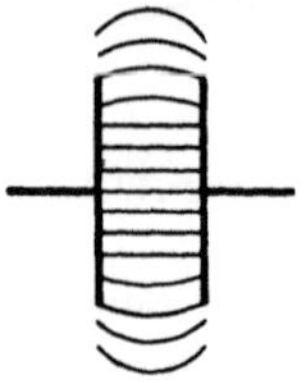
Abb. 4. Feld eines Plattenkondensators.

Die elektrischen Ladungen auf beiden Platten erzeugen gemeinsam ein elektrisches Feld (Abb. 4). Im Raume zwischen den Platten erreicht die Feldstärke ihren Höchstwert. Das außerhalb des Kondensators bestehende Feld ist verhältnismäßig schwach. Je näher die Platten zueinander stehen, desto mehr ist die gesamte Feldenergie im Plattenzwischenraum konzentriert. Unter sonst gleichen Umständen ist die Feldstärke um so größer, je höher die Spannung zwischen den Kondensatorplatten ist.

Dielektrizitätskonstante. Nun soll noch einiges zur Erklärung der Dielektrizitätskonstante gesagt werden. Wir gehen von einem einfachen Experiment aus. Zwischen den Platten eines Kondensators, der die Elektrizitätsmenge Q enthält, bestehe die Spannung V. Es gilt $Q = V \,.\, C$. Nunmehr bringen wir zwischen die Platten ein Medium, etwa Wasser. Die Kapazität steigt auf den achtzigfachen Wert an, Dielektrizitätskonstante $= 80$. Da die Elektrizitätsmenge die gleiche geblieben ist, muß sich die Spannung im Kondensator geändert haben. Nennen wir die neue Spannung V', dann gilt $Q = 80\, C \,.\, V'$. Aus dem Vergleich mit der früheren Gleichung folgt $V' = \frac{V}{80}$. Es ist also die Spannung auf ein

Achtzigstel abgesunken. Auf denselben Bruchteil ihres Wertes ist auch die Feldstärke herabgedrückt worden, da sie ja — wie oben ausgeführt wurde — der Spannung proportional ist. Die Feldstärke kann aber nur dadurch vermindert werden, daß sich ein entgegengesetztes Feld überlagert. Und das ist auch in der Tat der Fall. Die einzelnen Wassermoleküle sind nämlich sogenannte Dipole, d. h. sie verhalten sich elektrisch wie hantelförmige Gebilde, wobei das eine Ende der Hantel eine positive, das andere eine negative Ladung trägt. Die Achsenrichtungen der Dipole sind im allgemeinen ungeordnet, so daß sich die einzelnen Dipolfelder gegenseitig aufheben. Im Kondensatorfeld nehmen die Achsen die Richtung der Feldlinien an, wobei jedes Ende der ungleichnamigen Platte zugekehrt ist. Dabei ergeben alle Dipolfelder ein Gesamtfeld, das das ursprünglich bestehende schwächt und zu einer Verminderung der Feldstärke bzw. der Spannung führt.

Das magnetische Feld. Bestimmte Eisenstücke haben die Eigenschaft, andere Gegenstände aus Eisen anzuziehen. Man nennt solche Eisenstücke Magnete. Jeder Magnet hat zwei Pole, die man wegen ihres Verhaltens zum Erdmagnetismus Nord- und Südpol nennt. Einen einpoligen Magneten gibt es nicht. Für die Anziehungs- und Abstoßungskräfte gelten ähnliche Gesetze, wie für elektrische Ladungen: Gleichnamige Pole stoßen einander ab, ungleichnamige Pole ziehen einander an. Die Stärke, mit der dies geschieht, ist um so größer, je kräftiger die verwendeten Magnete sind und je geringer der Abstand ist. In derselben Weise wie beim Gravitationsfeld kann man auch von einem magnetischen Feld sprechen, indem man sich in jedem Punkt des Raumes die auf einen bestimmten Pol eines anderen Magneten ausgeübte Kraft einzeichnet. Der Verlauf der Feldlinien hängt natürlich von der Gestalt des Magneten ab. Abb. 5 zeigt die Felder eines Stabmagneten und eines Hufeisenmagneten. Eine Magnetnadel, die man in ein magnetisches Feld bringt, stellt sich immer in der Richtung der Feldlinien ein, und zwar so, daß jeder ihrer Pole

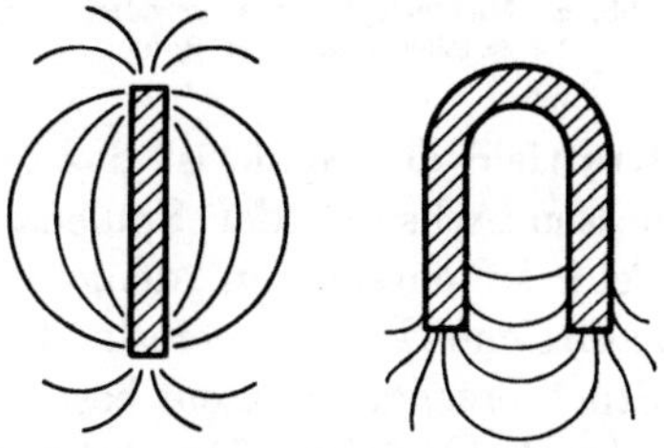

Abb. 5. Feld eines Stab- und Hufeisenmagneten.

dem entgegengesetzten Pol des felderzeugenden Magneten zugewendet ist.

Elektrizität und Magnetismus. Die Beziehungen von elektrischen und magnetischen Erscheinungen sind sehr innige. Bringen wir eine Magnetnadel in die Nähe eines geraden Drahtes, der von Strom durchflossen ist, dann sucht die Nadel sich senkrecht zum Draht einzustellen. Nimmt man eine genauere Untersuchung des magnetischen Feldes vor, so findet man, daß die magnetischen Feldlinien in Kreisen verlaufen, die zur Richtung des Drahtes senkrecht stehen (Abb. 6). Stellen wir uns aus dem Draht eine Spule her und schicken wir einen Gleichstrom hindurch, so entsteht natürlich wieder ein magnetisches Feld. Nehmen wir die Bestimmung der Feldrichtung mit Hilfe einer Magnetnadel vor, so finden wir, daß die magnetischen Feldlinien geschlossene Kurven bilden, die innerhalb der Spule parallel zur Achse laufen. Das Kraftfeld der Spule ist das gleiche wie das eines Stabmagneten, dessen Achse in der Spulenachse liegt. Wir können uns dieses Feld so entstanden denken, daß wir uns jede Windung in zahlreiche kleine, gerade Leiterstücke zerlegt denken. Jedes Stück erzeugt in einem bestimmt gewählten Punkt eine magnetische Feldstärke. Die tatsächlich vorhandene Feldstärke entspricht der Resultierenden aus den von allen Leiterstücken gelieferten Teilfeldstärken. Das magnetische Feld ist um so kräftiger, je stärker der Strom ist, der durch die Windungen fließt und je mehr Windungen die Spule hat. Bleibt der Strom der die Spule durchfließt, konstant, dann bleibt auch das magnetische Feld immer das gleiche. Zeigt aber der Strom Schwankungen seiner Stärke (inkonstanter Gleichstrom), dann wird auch das magnetische Feld in seiner Stärke schwankend. Wenn die Spule von einem Wechselstrom durchsetzt wird, dann wird die magnetische Feldstärke nicht nur ihre Größe, sondern auch ihre Richtung den Stromschwankungen entsprechend ändern.

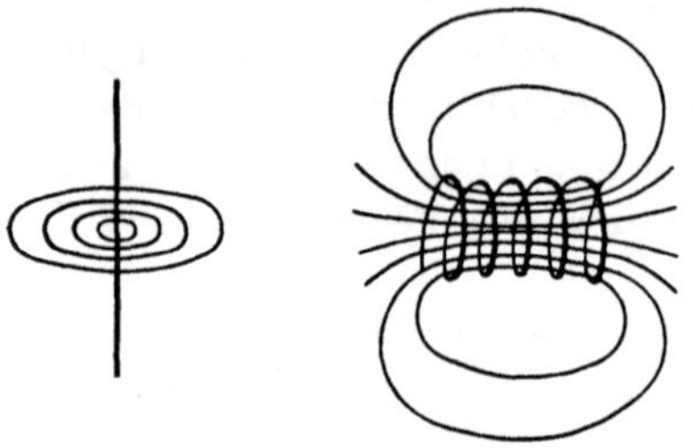

Abb. 6. Magnetfeld eines geraden Leiterstückes und einer Spule.

Auf den magnetischen Eigenschaften von Leitern, die von

elektrischen Strömen durchflossen werden, beruhen zahlreiche, in der Elektrotechnik verwendete Apparate. Vor allem kann man Instrumente erzeugen, die es gestatten, den elektrischen Strom zu messen. Man braucht bloß einen Draht über eine Magnetnadel zu führen und den zu messenden Strom durch den Draht zu senden. Wie wir gehört haben, bemüht sich die Nadel, sich senkrecht zur Stromrichtung einzustellen. Bringen wir nun eine Vorrichtung, etwa eine Feder an, die der Drehbewegung der Nadel einen Widerstand entgegensetzt, so wird die schließliche Einstellung der Nadel abhängig sein von der ablenkenden Kraft des Stromes und von dem im gegensätzlichen Sinn wirkenden Zug der Feder. Die Nadel wird um so stärker abgelenkt werden, je stärker der Strom ist, der durch den Draht fließt. Nach ähnlichen Grundsätzen sind im allgemeinen die meisten Amperemeter gebaut.

Die Induktion.

Alles bisher Gesagte bezog sich nur auf stationäre Zustände. Bevor wir darangehen, die Eigenschaften der Wechselströme genauer zu studieren, ist es notwendig, uns mit dem Begriff Induktion vertraut zu machen.

Magnetischer Kraftfluß. Wir machen die Annahme, daß im Raume ein magnetisches Feld herrsche. Dann besteht in jedem Punkte eine bestimmte magnetische Feldstärke, deren Größe und Richtung wir durch einen Vektor darstellen können. In das Feld bringen wir einen Drahtring, dessen Enden wir mit einem Strom anzeigenden Instrument verbinden (Abb. 7). Der Ring umschließt eine Fläche; in jedem ihrer Punkte denken wir uns die magnetische Feldstärke eingetragen. Die Gesamtheit aller Vektoren charakterisiert den magnetischen Kraftfluß durch die Fläche. Dieser Ausdruck spielt auf eine hydrodynamische Analogie an und hat folgende Vorstellung zur Grundlage. Denken wir uns den ganzen Raum ausgefüllt von einer strömenden Flüssigkeit, so bewegt sich jedes Teilchen in einer bestimmten Richtung und mit einer bestimmten Geschwindigkeit. Wir können in jedem Punkte des Raumes einen Vektor einzeichnen, dessen Richtung mit der Bewegungsrichtung des Flüssigkeitsteilchens

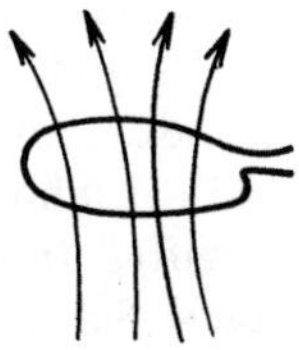

Abb. 7. Magnetischer Kraftfluß durch einen Drahtring.

zusammenfällt und dessen Länge der Geschwindigkeit des Teilchens entspricht. Bringen wir wieder den Drahtring herbei und tragen wir in jedem Punkt der von ihm umrandeten Fläche die oben definierten Vektoren ein, so erhalten wir ein anschauliches Bild des Flüssigkeitsstromes durch den Drahtring. Aus der Übertragung dieser Vorstellung auf das magnetische Feld stammt der Ausdruck magnetischer Kraftfluß.

Magnetischer Kraftfluß und elektrische Spannung. Ein wichtiges Grundgesetz der Elektrodynamik besagt folgendes: Ändert sich der magnetische Kraftfluß durch eine von einem Leiter umrandete Fläche, dann tritt an den Endpunkten des Leiters eine elektrische Spannung auf. Sind die Enden des Ringes durch ein stromanzeigendes Instrument miteinander in Verbindung, dann gibt der Zeiger im Falle einer Änderung des magnetischen Kraftflusses einen Ausschlag. Die auftretende elektromotorische Kraft ist um so stärker, je stärker das sich ändernde magnetische Feld ist, je schneller sich die Änderung des magnetischen Kraftflusses vollzieht und je größer die von dem Drahtring umschlossene Fläche ist. Dieser Satz gibt uns den Schlüssel zum Verständnis zahlreicher verwickelter Zusammenhänge.

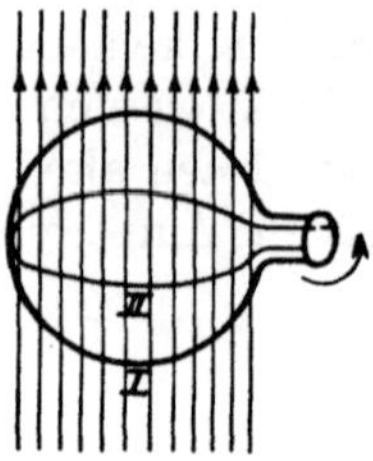

Abb. 8. Rotation eines Drahtringes in einem homogenen magnetischen Kraftfeld.

Es gibt verschiedene Möglichkeiten, den magnetischen Kraftfluß durch den Drahtring zu ändern. Nehmen wir an, das Magnetfeld sei inhomogen, wie es etwa für das Feld eines Stabmagneten zutrifft. In diesem Feld wird bekanntlich die magnetische Feldstärke um so kleiner, je weiter man sich von dem Stabmagneten entfernt. Bewegen wir nun den Drahtreifen vom Magneten weg, dann wird während der Bewegung der Kraftfluß geringer werden, da ja die magnetische Feldstärke ständig abnimmt. Eine andere Möglichkeit, den Kraftfluß zu ändern, wäre etwa folgende: Wir lassen den Drahtring in einem homogenen Magnetfeld rotieren, wie es Abb. 8 zeigt. Der Kraftfluß ist am größten, wenn die vom Drahtring umrandete Fläche senkrecht zur Richtung der magnetischen Kraftlinien steht, er ist am kleinsten, wenn die Fläche in der Richtung der magnetischen Kraftlinien liegt. Während der Rotation wird dauernd Strom erzeugt.

Anstatt einen Leiter gegen ein Magnetfeld zu bewegen, kann man mit demselben Erfolg ein Magnetfeld gegen einen ruhenden Leiter bewegen. Wir können auch auf einen ruhenden Leiter ein magnetisches Wechselfeld in der Weise einwirken lassen, daß wir durch eine in der Nähe befindliche Spule einen Wechselstrom hindurchschicken. Das von der Spule erzeugte Feld ändert sich dauernd, da es ja von der Richtung und Stärke des erzeugenden Stromes abhängt und diese sich kontinuierlich ändern. Auch in diesem Falle wird in dem Drahtring dauernd ein Strom erzeugt werden.

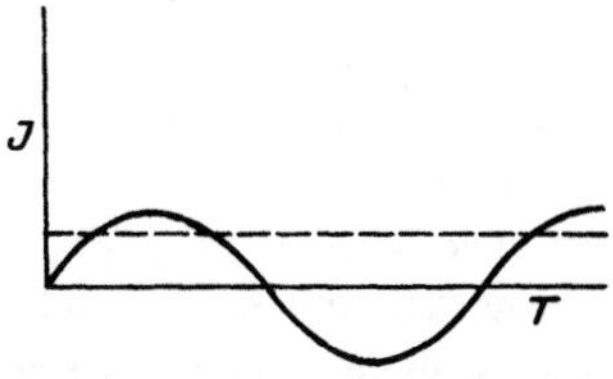

Abb. 9. Abhängigkeit der Stromstärke J von der Zeit T beim sinusförmigen Wechselstrom. Die gestrichelte Linie kennzeichnet die effektive Stromstärke.

Ströme, die durch Änderung des magnetischen Kraftflusses erzeugt werden, nennt man induzierte Ströme. Der Vorgang selbst heißt Induktion.

Nun einiges zur Richtung des induzierten Stromes. Es gibt bestimmte Regeln, die es ermöglichen, aus der Richtung der magnetischen Feldstärke und der Art ihrer Änderung die Richtung des erzeugten elektrischen Stromes zu bestimmen. Für unsere Zwecke haben diese Regeln in ihrem genauen Wortlaut keine Bedeutung. Wichtig ist aber folgendes: Die bei zunehmendem und abnehmendem Kraftfluß induzierten Ströme haben entgegengesetzte Richtung. Wir wollen uns das an zwei Beispielen klarmachen. Nehmen wir zunächst den Fall des inhomogenen magnetischen Feldes, wie es etwa durch einen Stabmagneten erzeugt wird. Bewegen wir einen Drahtring vom Magneten weg, so wird in ihm ein Strom von ganz bestimmter Richtung fließen. In dem Augenblick aber, in dem wir die Bewegungsrichtung umkehren und den Ring dem Magneten wieder nähern, wird auch der Strom in entgegengesetzter Richtung fließen. Wir haben die Möglichkeit, durch rhythmisches Nähern oder Entfernen des Ringes einen Wechselstrom zu erzeugen. Ganz ähnlich liegen die Dinge, wenn der Drahtreifen in einem homogenen Magnetfeld rotiert (Abb. 8). Während der Rotation von Lage I zu Lage II wird der Kraftfluß dauernd zunehmen, es wird also ein Strom konstanter Richtung (wenn auch wechselnder Stärke) fließen. Rotiert aber der Reifen weiter von Lage II wieder zu Lage I, dann nimmt der Kraftfluß wieder ab, die Richtung des Stromes kehrt sich um. Betrachtet man die Änderung des Kraftflusses in quantitativer Hinsicht genauer und zeichnet man ein Diagramm des Stromes, dann erhält man genau die Gestalt einer Sinuskurve (s. Abb. 9). Die Ordinaten zeigen die Stromstärken, die den verschiedenen Lagen des Drahtringes entsprechen. Der Strom selbst heißt wegen der Gestalt des Diagramms Sinusstrom.

Dynamomaschine und Elektromotor. Auf den hier erörterten Grundsätzen beruhen eine Reihe stromerzeugender und stromumwandelnder Maschinen, Eine Dynamomaschine ist beispielsweise so konstruiert, daß ein Drahtring in einem homogenen Magnetfeld rotiert, bzw. ein Magnetfeld um einen Drahtring rotiert. Der in dieser Weise erzeugte Strom ist natürlich ein Sinusstrom.

Die Umkehrung des Induktionsprinzips ist im Elektromotor verwirklicht. Senden wir durch einen Drahtring (oder eine Spule), der sich in einem Magnetfeld befindet, einen Gleichstrom, so nimmt, wie wir bereits wissen, der Ring die magnetischen Eigenschaften eines Stabmagneten an, dessen Achse auf der vom Drahtring umschlossenen Fläche senkrecht steht (s. Abschnitt I). Ein Stabmagnet würde nun eine Rotation ausführen, um in die Richtung der magnetischen Kraftlinien zu kommen. Genau dasselbe tut nun auch der Drahtring. Er rotiert so lange, bis er die entsprechende Lage gewonnen hat, d. h. bis die von ihm umschlossene Fläche auf der Richtung der magnetischen Kraftlinien senkrecht steht. Senden wir jedoch durch den Drahtring einen Wechselstrom, dann wird er niemals zur Ruhe kommen, denn jedesmal, wenn er gerade die Ruhestellung erreicht hat, die der gerade fließenden Stromrichtung entspricht, kehrt sich die Stromrichtung um und das Spiel beginnt von neuem.

In der Technik verwendet man sowohl bei Dynamomaschinen als auch bei Elektromotoren nicht einfache Drahtringe, sondern Spulen. Eine Spule ist ja nichts anderes als ein System von miteinander leitend verbundenen Drahtringen. Wir erinnern uns an den Fundamentalsatz, daß die Höhe der induzierten Spannung abhing von der Größe der vom Drahtring umschlossenen Fläche. Zwei übereinandergelegte Drahtringe wirken genau wie ein Drahtring mit doppelter Fläche. Die induzierte Spannung ist doppelt so groß. Nehmen wir eine Spule mit hundert Windungen, dann verhundertfacht sich die induzierte Spannung.

Transformator. Auf dieser Eigenschaft der Spulen beruht unter anderem die Wirkungsweise der Transformatoren. Ein Transformator hat die Aufgabe, einen vorgegebenen Strom in einen Strom mit anderer Spannung zu verwandeln. Will man beispielsweise auf eine höhere Spannung transformieren, dann sendet man den Strom durch eine Spule mit verhältnismäßig wenig Windungen (die Primärspule) und bringt in das erzeugte Magnetfeld eine zweite Spule mit vielen Windungen (die Sekundärspule). Ein konstanter Gleichstrom kann selbstverständlich nicht transformiert werden. Sein Magnetfeld ist ja konstant, die Änderung des Kraftflusses für die zweite Spule daher gleich Null. Geeignet zur Transformation ist aber ein Wechselstrom oder ein unterbrochener, ein sogenannter zerhackter Gleichstrom. Zwecks möglichst guter Ausnützung des Magnetfeldes müssen die Spulen einander möglich nahe sein. Man steht daher entweder beide Spulen ineinander oder aber man ordnet beide Spulen auf einem Eisenrahmen an, da das Eisen die Eigenschaft hat, die magnetischen Kraftlinien in sich zu sammeln bzw. eine Streuung zu verhindern.

Das Anwendungsgebiet der Transformatoren ist ungeheuer groß. Mit zerhacktem Gleichstrom arbeiten die gewöhnlichen Schlitteninduktionsapparate, die zur Faradisation verwendet werden. Durch einen sinnreichen mechanischen Unterbrecher wird der zugeführte Gleichstrom rhythmisch unterbrochen, während er die Primärspule eines Transformators durchfließt. Das fortwährend auftauchende und verschwindende Magnetfeld erzeugt in der Sekundärspule einen Wechselstrom, der den Patienten zugeführt wird. Transformatoren, die Wechselstrom niederer Spannung in solchen hoher Spannung verwandeln, finden wir in jedem Diathermie- und Kurzwellenapparat zum Betrieb der Funkenstrecke oder Röhre. Auf ganz gewaltige Spannungen werden die Ströme in den Tesla-Transformatoren der Arsonvalisationsapparate gebracht, bei denen die Primärspule nur aus wenigen Windungen dicken Drahtes besteht, die Sekundärspule aber außerordentlich viele Windungen enthält. Selbstverständlich kann ein Strom nur auf Kosten einer Stromstärke auf eine höhere Spannung transferiert werden. Das folgt schon aus dem Satze der Erhaltung der Energie. Die Leistung eines Stromes wird bekanntlich in Watt gemessen, man erhält sie im wesentlichen durch Multiplikation von Stromstärke und Spannung (einen Zusatzfaktor werden wir später noch kennenlernen). Da der Sekundärstrom niemals mehr Watt haben kann als der Primärstrom, ist es klar, daß man nur um den Preis verringerter Stromstärke auf höhere Spannung transformieren kann.

Zusammenfassung. Ändert sich der magnetische Kraftfluß durch eine Fläche, dann wird in einem Leiter, der die Fläche umrandet, eine elektromotorische Kraft induziert. Sie ist um so größer, je stärker die Änderung des Magnetfeldes ist, je schneller die Änderung abläuft und je größer die von dem Leiter umrandete Fläche ist. Statt eines Ringes kann man auch ein System von Ringen, nämlich eine Spule verwenden. Die durch ein sich änderndes Magnetfeld in einer Spule induzierte elektromotorische Kraft ist unter sonst gleichen Umständen um so größer, je mehr Windungen die Spule enthält.

Der Wechselstrom.

Bei der Besprechung des Induktionsvorganges mußten wir an einigen Stellen Wechselströme in den Kreis unserer Betrachtung ziehen. Ein Wechselstrom ist in der gebräuchlichen Fassung des Begriffes ein Strom, der seine Richtung periodisch ändert. Das Diagramm eines Wechselstromes ist eine Wellenlinie, die durch eine geeignete Unterteilung in eine Aufeinanderfolge kongruenter Abschnitte zerlegt werden kann. Ein solcher Abschnitt heißt Periode. Die Anzahl der Perioden pro Sekunde heißt Frequenz, sie wird gewöhnlich mit dem Buchstaben ν bezeichnet. Ihr Zahlenwert wird in Hertz ausgedrückt. Aus der Betrachtung des Diagramms ist leicht zu ersehen, daß der Strom in der Sekunde doppelt so oft seine Richtung ändert als es seine Frequenz angibt. Sehr oft benützt man zur Kennzeichnung der Frequenz eine andere Größe, die sogenannte Kreisfrequenz ω. Man erhält ihren Wert durch Multiplikation der Frequenz ν mit 2π. $\omega = 2\pi\nu$.

Der in seiner Form einfachste Wechselstrom ist der im vorigen Kapitel erwähnte Sinusstrom, der bei der Rotation eines Drahtringes oder einer Spule in einem homogenen Magnetfeld entsteht. Auf diese Stromform wollen wir nun die sinngemäße Übertragung der bisher nur für den Gleichstrom festgelegten Begriffe der Stromstärke, der Spannung und des Widerstandes vornehmen.

Stromstärke. Was sollen wir Stromstärke nennen, wenn der zu untersuchende Strom nicht nur seine Stärke, sondern auch seine Richtung fortwährend ändert? Versuchen wir, sie mit einem Amperemeter zu messen, wie wir es für den Gleichstrom beschrieben haben, dann schwankt der Zeiger dauernd hin und her, vorausgesetzt, daß die Änderung der Richtung des Wechselstromes sich so langsam vollzieht, daß das Instrument trotz seiner Trägheit folgen kann. Folgen aber die entgegengesetzten Stromstöße zu rasch aufeinander, dann heben sie sich in ihrer Wirkung auf, so daß das Instrument überhaupt keinen Ausschlag gibt.

Effektive Stromstärke. Man kann jedoch auch Strommesser konstruieren, die nicht das Magnetfeld, sondern eine andere Eigenschaft des Stromes benützen, nämlich die Wärmewirkung. Ein solches Instrument ist das Hitzdrahtamperemeter. Die Wärmeausdehnung eines geeigneten Drahtes wird auf einen Zeiger übertragen und gibt ein Maß für die Stromstärke. Hier heben die entgegengesetzten Stromstöße einander nicht mehr auf. Für die Umwandlung in Wärme ist ja die Richtung des Stromes vollkommen gleichgültig. Die in dieser Art gemessene Stromstärke entspricht natürlich nicht dem Maximalwerte, sie ist vielmehr ein Durchschnittswert. Sie heißt effektive Stromstärke. Abb. 9 zeigt das Diagramm eines Gleich- und eines Wechselstromes, die am Hitzdrahtinstrument durch denselben Ausschlag registriert werden würden. Die Rechnung ergibt, daß die effektive Stromstärke gleich ist der maximalen Stromstärke, dividiert durch $\sqrt{2}$.

Ähnliche Überlegungen gelten natürlich auch für die Spannungsverhältnisse des Wechselstromes. Man verwendet in ganz demselben Sinn die Ausdrücke maximale und effektive Spannung.

Komplizierter ist die Frage, der Wechselstromwiderstände. Außer dem Ohmschen Widerstand, der für den Wechselstrom in derselben Weise vorhanden ist wie für den Gleichstrom, unterscheiden wir noch induktive und kapazitive Widerstände. Als charakteristischen Träger des induktiven Widerstandes pflegt man die Spule, als Träger des kapazitiven Widerstandes den Kondensator anzugeben.

Induktiver Widerstand. Stellen wir uns zunächst vor, daß durch einen gerade gestreckten Leiter ein Wechselstrom von bestimmter Spannung hindurchfließt. Ein Hitzdrahtamperemeter gibt uns die Stromstärke an. Nun wickeln wir den Draht um einen Zylinder, stellen also eine Spule her und wiederholen das Experiment. Da sehen wir, daß die Stromstärke geringer geworden ist. Hätten wir einen Gleichstrom verwendet, dann hätten wir wohl in beiden Fällen denselben Wert erhalten, denn der Ohmsche Widerstand eines geradegestreckten oder eines aufgewickelten Drahtes ist selbstverständlich gleich. Der Abfall der Stromstärke des Wechselstromes kann nur in der Weise erfolgt sein, daß der Widerstand sich beim Aufwickeln des Drahtes vergrößert hat, mit anderen Worten, daß zum Ohmschen Widerstand noch etwas hinzugetreten ist. Es ist dies der induktive Widerstand.

Der Widerstand, der die Spule durchfließt, erzeugt in ihr ein magnetisches Wechselfeld, das seinerseits in der Spule elektromotorische Kräfte induziert. Diese sind in ihrer Wirkung der angelegten Spannung entgegengesetzt. Das folgt aus den Gesetzen, die die Richtung der induzierten Ströme in ihrer Abhängigkeit von der Änderung des magnetischen Feldes bestimmen. Die induzierte Gegenspannung hat zur Folge, daß der tatsächlich fließende Strom sich verringert. Der induktive Widerstand einer Spule ist um so größer, je mehr Windungen die Spule hat, je näher die Windungen liegen (weil das magnetische Feld jeder Windung eine kräftigere Wirkung auf jede andere ausübt) und je größer die von den Windungen umschlossene Fläche, d. h. je größer der Durchmesser der Spule ist. Außerdem steigt der induktive Widerstand mit der Frequenz des hindurchtretenden Wechselstromes. Das ist leicht einzusehen, wenn wir uns daran erinnern, daß die induzierten Gegenspannungen um so höher sind, je schneller sich das Magnetfeld ändert.

Zahlenmäßig ist der induktive Widerstand durch den Ausdruck $L\omega$ gegeben. Dabei ist ω die Kreisfrequenz und L der Selbstinduktionskoeffizient, eine Größe, die nur von der Form der Spule abhängt, Ihr Zahlenwert wird in besonderen Einheiten, in Henry angegeben. Die Einheit ist in folgender Weise festgelegt: Eine Spule hat eine Selbstinduktion von einem Henry, wenn bei gleichmäßiger Änderung der Stromstärke um ein Ampere in der Sekunde eine Spannung von 1 Volt an den Spulenenden induziert wird.

Das Ausmaß der Wärmebildung hängt nur von der Stromstärke und dem in der Spule vorhandenen Leitungswiderstand ab. Aus diesem Grund nennt man die Selbstinduktion einen Blindwiderstand.

Kapazitiver Widerstand. Den Begriff des kapazitiven Widerstandes wollen wir uns durch folgende Betrachtung klarmachen. Verbindet man die beiden Belegungen eines Kondensators mit einer Gleichstromquelle, dann wird nur ganz kurze Zeit ein Strom fließen, bis nämlich der Kondensator aufgeladen ist und dieselbe Spannung hat wie die angelegte Gleichstromquelle. Ein in den Stromkreis eingeschaltetes Instrument wird, abgesehen von dem ersten Stromstoß, dauernd stromlos bleiben. Diesen Sachverhalt können wir auch so ausdrücken: ein Kondensator setzt dem Gleichstrom einen unendlich hohen Widerstand entgegen. Schalten wir jedoch eine Wechselstromquelle an die Belege eines Kondensators, so wird dieser von dem ersten Stromstoß aufgeladen, in der folgenden entgegengesetzt gerichteten Phase aber zunächst entladen, dann in entgegengesetzter Weise aufgeladen und so fort. Ein Hitzdrahtinstrument wird diese Stromstöße, wenn sie nur genügend rasch aufeinanderfolgen, durch einen gleichbleibenden Ausschlag anzeigen. Der Widerstand des Kondensators ist nicht mehr unendlich, sondern kann durch einen bestimmten endlichen Wert angegeben werden. Der Widerstand ist um so geringer, je größer die Kapazität des Kondensators ist; denn je größer sein Fassungsvermögen ist, desto mehr Elektronen kann er mit jedem Stromstoß aufnehmen bzw. abgeben. Ein Kondensator mit größerer Kapazität ermöglicht also das Fließen eines stärkeren Stromes, d. h. sein Widerstand ist geringer. Außerdem ist der kapazitive Widerstand frequenzabhängig. Der Widerstand ein und desselben Kondensators ist um so geringer, je höher die Frequenz des angelegten Wechselstromes ist. Auf eine exakte Ableitung dieses Gesetzes sei an dieser Stelle verzichtet. Das Wesentliche kann an Hand des folgenden Beispieles klargemacht werden.

Wir legen an ein und denselben Kondensator das eine Mal einen Wechselstrom mit der Frequenz 1, das andere Mal mit der Frequenz 10000. Die verwendete Maximalspannung sei in beiden Fällen die gleiche. Die Stromstärke wird gegeben durch jene Anzahl der Elektronen, die in der Sekunde dem Kondensator zuströmen bzw. von ihm abströmen. Nehmen wir an, daß bei dem

Wechselstrom mit der Frequenz 10000 mit jedem Stromstoß 1000000 Elektronen in den Kondensator eintreten. Damit der Strom von der Frequenz 1 dieselbe Stärke habe, müßten bei einem Stromstoß 10000 × 1000000 Elektronen eintreten. Die Aufladung der Kondensatorplatten erteilt ihnen eine gewisse Spannung. Diese wirkt dem weiteren Einströmen der Elektronen entgegen. Die Gegenwirkung ist beim Einströmen von 10000 Elektronen natürlich viel geringer als beim Eintritt von 10000000000 Elektronen. Die angelegte Spannung reicht nicht mehr aus, die ganze Anzahl in den Kondensator hineinzutreiben. Es wird daher bei dem Wechselstrom mit der Frequenz 1 die Stromstärke geringer sein oder, mit anderen Worten, der kapazitive Widerstand ist für einen Strom geringerer Frequenz größer.

Wir erinnern uns, daß die Kapazität eines Kondensators in Farad gemessen wird. Der kapazitive Widerstand ist zahlenmäßig gleich $\frac{1}{C\,\omega}$. Demgemäß stellt beispielsweise ein Kondensator von 20 Farad für einen Wechselstrom von der Kreisfrequenz 50 einen Widerstand von $\frac{1}{50\,.\,20}$ ist gleich $\frac{1}{1000}$ Ohm dar. Bei konstant gehaltener Stromstärke hängt die Wärmebildung nur von dem in der Zuleitung liegenden Leitungswiderstand ab. Aus diesem Grunde stellt der kapazitive Widerstand ebenfalls einen Blindwiderstand dar.

Fassen wir das bisher Gesagte kurz zusammen. Ein Wechselstrom ändert kontinuierlich seine Richtung und Stärke. Die halbe Anzahl der Richtungsänderungen in der Sekunde heißt Frequenz. Die Stromstärke schwankt ebenso wie die Spannung zwischen bestimmten Maximalwerten. Ein Hitzdrahtinstrument mißt eine durchschnittliche Stromstärke. Sie heißt effektive Stromstärke und ist gleich dem Maximalwerte, dividiert durch $\sqrt{2}$. Es gibt kapazitive, induktive und Leitungswiderstände. Der kapazitive und induktive Widerstand ist frequenzabhängig, der erstere sinkt, der letztere steigt mit wachsender Frequenz. Der Widerstand einer Spule ist zahlenmäßig gegeben durch den Wert $L\,\omega$. Dabei bedeutet L eine von der Form der Spule abhängige Größe und heißt Selbstinduktionskoeffizient, während ω die Kreisfrequenz des Stromes ist. Der Widerstand eines Kondensators ist gegeben durch den Ausdruck $\frac{1}{C\,\omega}$, dabei bedeutet C

die Kapazität und ω wie früher die Kreisfrequenz. Die Einheit der Selbstinduktion ist ein Henry, die Einheit der Kapazität ein Farad. Das Vorhandensein eines kapazitiven oder induktiven Widerstandes hat im Gegensatz zum Leitungswiderstand auf das Ausmaß der Wärmebildung im Stromkreis keinen Einfluß. Man nennt sie daher wattlose oder Blindwiderstände.

Schaltungen. In den technisch verwendeten Schaltungen treten immer wieder Kombinationen von Spulen und Kondensatoren auf. Daher müssen wir auch komplizierteren Verhältnissen unser Augenmerk zuwenden.

Man kann Widerstände hintereinander- oder nebeneinanderschalten. Im ersten Falle ist der Strom gezwungen, eine ganz bestimmte Bahn zu durchlaufen und beide Widerstände hintereinander zu passieren. Im zweiten Falle liegt eine Gabelung der Strombahn vor, der Strom kann zwei Wege benützen. Hintereinanderschaltung heißt auch Serien- oder Reihenschaltung, die Nebeneinanderschaltung wird auch als Parallelschaltung bezeichnet.

In den folgenden Erörterungen wird vom Vorhandensein eines Leitungswiderstandes abgesehen und nur auf kapazitive oder induktive Widerstände Rücksicht genommen.

Hintereinanderschaltung zweier induktiver Widerstände. Zwei in Serie geschaltete Spulen sind ersetzbar durch eine einzige Spule mit entsprechend vermehrter Windungsanzahl. Der induktive Gesamtwiderstand ist gleich der Summe der Teilwiderstände. Beträgt der Widerstand der ersten Spule $L_1\,\omega$, der Widerstand der zweiten Spule $L_2\,\omega$, dann gilt für den Gesamtwiderstand $L\,\omega = L_1\,\omega + L_2\,\omega$. Kürzt man durch ω, so erhält man $L = L_1 + L_2$, d. h. die Selbstinduktion, die aus zwei hintereinandergeschalteten Selbstinduktionen zusammengesetzt ist, wird durch einfache Summation errechnet.

Parallelschaltung zweier induktiver Widerstände. Bezeichnen wir die einzelnen Teilwiderstände mit $L_1\,\omega$ bzw. $L_2\,\omega$, dann ist der Gesamtwiderstand $L\,\omega$ aus folgender Beziehung bestimmbar: $\frac{1}{L\,\omega} = \frac{1}{L_1\,\omega} + \frac{1}{L_2\,\omega}$. Die Ableitung dieser Gleichung kann auf ähnliche Weise ausgeführt werden, wie im Falle des Kirchhoffschen Gesetzes. Es ist von Wichtigkeit, daß parallelgeschaltete induktive Widerstände einen Gesamtwiderstand bilden, der kleiner ist als jeder der Teilwiderstände. Wir wollen uns hierauf beschränken, das an einem speziellen Beispiel klarzumachen. Nehmen wir etwa an, $L_1 \omega$ sei gleich 3 Ohm, $L_2 \omega$ sei gleich 6 Ohm: aus der Gleichung ergibt sich $\frac{1}{L\omega} = \frac{1}{3} + \frac{1}{6} = \frac{1}{2}$. Der Gesamtwiderstand ist also gleich 2 Ohm. Durch Multiplikation der obigen Gleichung mit ω erhält man $\frac{1}{L} = \frac{1}{L_1} + \frac{1}{L_2}$, d. h. der reziproke Wert der Gesamtselbstinduktion ist gleich der Summe der reziproken Werte der Teilselbstinduktionen.

Hintereinanderschaltung zweier Kondensatoren. Ähnlich wie im Fall 1 summieren sich die kapazitiven Widerstände der beiden Kondensatoren. Bezeichnen wir die Teilwiderstände mit $\frac{1}{C_1 \omega}$ bzw. $\frac{1}{C_2 \omega}$, dann ist der Gesamtwiderstand $\frac{1}{C\omega} = \frac{1}{C_1 \omega} + \frac{1}{C_2 \omega}$. Streichen wir aus der Gleichung das ω weg, dann erhalten wir $\frac{1}{C} = \frac{1}{C_1} + \frac{1}{C_2}$. Das heißt, der reziproke Wert der Gesamtkapazität ist gleich der Summe der reziproken Werte der Teilkapazitäten. Wie man sich durch spezielle Zahlenannahmen jederzeit überzeugen kann, ist die Gesamtkapazität bei Hintereinanderschaltung stets kleiner als jede der Teilkapazitäten.

Parallelschaltung von zwei Kondensatoren. Die beiden Kondensatoren wirken in derselben Weise wie ein Kondensator, dessen Kapazität gleich der Summe der Teilkapazitäten ist. Bezeichnen wir diese mit C_1 bzw. C_2, dann gilt für die Gesamtkapazität $C = C_1 + C_2$. In dieser Schaltung ist die Gesamtkapazität natürlich größer als jede der Teilkapazitäten, der Gesamtwiderstand, der zur Kapazität im umgekehrten Verhältnis steht, ist natürlich geringer als jeder der Teilwiderstände.

In kurzer Zusammenfassung kann man das Wesentliche der vier diskutierten Fälle in folgender Weise ausdrücken. Bei Hintereinanderschaltung von kapazitiven oder induktiven Widerständen errechnet sich der Gesamtwiderstand durch Summation der Teilwiderstände. Bei Parallelschaltung ist der reziproke Wert des Gesamtwiderstandes gleich der Summe der reziproken Werte der Teilwiderstände. Der Gesamtwiderstand ist kleiner als jeder der Teilwiderstände.

Das bisher Gesagte bezog sich bloß auf Reihen- oder Parallelschaltungen gleichartiger Widerstände. Was geschieht jedoch, wenn wir ungleichartige Widerstände, d. h. kapazitive und induktive Widerstände parallel- oder in Serie schalten?

Phasenverschiebung. Zur Beantwortung dieser Frage ist es notwendig, vorerst eine weitere Eigenschaft der Wechselströme zu erörtern. Es ist dies die sogenannte Phasenverschiebung zwischen Stromstärke und Spannung. Verbinden wir die Anschlußklemmen einer Wechselstromquelle durch einen hohen induktiven Widerstand, also etwa durch eine Spule mit vielen Windungen, und schließen wir gleichzeitig zwei Meßinstrumente an, die es uns ermöglichen, Stromstärke und Spannung fortlaufend zu registrieren. Wie Abb. 10 zeigt, erhalten wir sowohl für die Spannung als auch für die Stromstärke Sinuskurven. Wir sehen aber, daß die Kurven gegeneinander verschoben sind. Gerade wenn das Maximum der Spannung erreicht wird, ist die Stromstärke gleich Null, und wenn die Stromstärke ihren Scheitelwert erreicht, ist wiederum die Klemmenspannung gleich Null. Die beiden Kurven sind um ein Viertel der Periodenlänge oder, wie man auch sagt, um 90° gegeneinander verschoben, und zwar in der Weise, daß die Stromstärke der Spannung sozusagen nachhinkt. Dieses sonderbare Verhalten ist eine Folge der Selbstinduktion der Spule und ist aus den Grundgesetzen der Theorie ohne Schwierigkeit ableitbar. Die Phasenverschiebung beträgt allerdings nur dann 90°, wenn bloß der induktive, aber kein Leitungswiderstand vorhanden ist. Da dieser Fall praktisch nicht realisierbar ist, ist die Phasenverschiebung immer geringer als 90°, nähert sich diesem Wert aber um so mehr, je mehr der Leitungswiderstand gegenüber dem induktiven Widerstand zurücktritt.

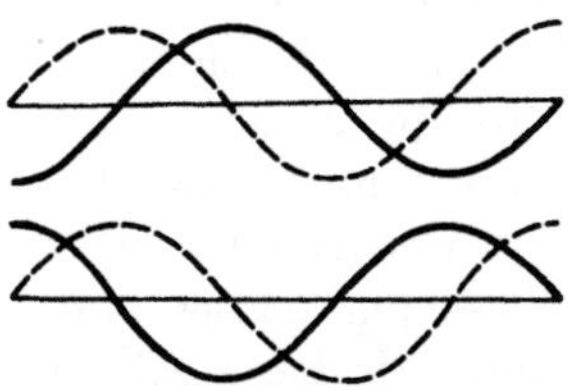

Abb. 10. Phasenverschiebung der Stromstärke gegenüber der Wechselspannung bei Vorhandensein eines induktiven Widerstandes (oberes Bild) und bei Vorhandensein eines kapazitiven Widerstandes (unteres Bild). Die Kurve der Spannung ist gestrichelt gezeichnet, die Kurve der Stromstärke dick ausgezogen.

Wird zwischen die Anschlußklemmen einer Wechselspannung ein kapazitiver Widerstand eingeschaltet, dann kommt es ebenfalls zu einer Phasenverschiebung zwischen Stromstärke und Spannung. Zeichnen wir uns für diesen Fall die Diagramme von Stromstärke und Spannung auf, so erhalten wir folgendes Bild. Die Stromstärke ist gegen die Spannung wiederum um 90^0 verschoben, aber im entgegengesetzten Sinne (vgl. Abb. 10). Dieses Verhalten besteht allerdings nur für den Fall, daß im ganzen Stromgebiet kein Ohmscher Widerstand vorhanden ist. Für gewöhnlich liegt das Ausmaß der Phasenverschiebung zwischen 0^0 und 90^0. Es hängt von dem Größenverhältnis des Ohmschen zum kapazitiven Widerstand ab. Eine Erklärung für dieses eigenartige Verhalten der Stromstärke ist unschwer zu geben. In einem bestimmten Zeitabschnitt wird offenbar dem Kondensator um so mehr Strom zugeführt, je stärker der Spannungsanstieg in diesem Zeitabschnitt ist. Aus der Betrachtung der Spannungskurve ist zu ersehen, daß zu Beginn der Kurve der Spannungsanstieg am steilsten ist, im weiteren Verlauf aber immer flacher wird. Infolgedessen ist die Stromzufuhr zu Beginn am größten, wird dann aber immer geringer, um schließlich im Augenblick der höchsten Spannung auf Null abzusinken. Sinkt dann die Spannung wieder ab, so geben die Kondensatorbelegungen die erhaltenen Elektrizitätsmengen wieder her. Die Stromrichtung kehrt sich um, was sich im Absinken der Kurve unter die Abszissenachse ausdrückt. Bei Fortführung dieser Überlegungen wird auch der restliche Teil des Kurvenverlaufes ohne weiteres verständlich.

Nun wollen wir der Lösung einer Frage nähertreten, die wir schon früher aufgeworfen haben. Was geschieht, wenn wir ungleichartige Blindwiderstände, d. h. also einen Kondensator und eine Spule nebeneinander- bzw. hintereinanderschalten.

Nebeneinanderschaltung von Kapazität und Selbstinduktion. Wir betrachten die Verhältnisse in beiden Wegen gesondert. In Abb. 11 sehen wir den Verlauf der Spannungskurve sowie der Stromstärkekurve für den Kondensator- und Spulenweg. Die dick ausgezogenen Pfeile zeigen die Stromrichtung, wenn die Spannung von Null zum Scheitelwert ansteigt, während die gestrichelt gezeichneten Pfeile die Stromrichtung angeben, wenn die Spannung wieder zu Null abfällt. Die Stromrichtungen sind einander andauernd entgegengesetzt, die Ströme schwächen sich. Ist der kapazitive und induktive Widerstand so gewählt, daß die Maximalwerte der Teilströme einander gleich sind, dann heben sie einander auf, dann kann aber auch in den Zuleitungen kein Strom fließen. (Denn die Gesamtstromstärke muß an allen Querschnitten gleich groß sein, im Bereiche des betrachteten Widerstandssystems ist sie gleich Null.) Die Teilströme sind nur dann gleich groß, wenn induktiver und kapazitiver Widerstand einander gleich sind. Es sei nochmals betont, daß die ganze Überlegung nur dann gilt, wenn wir den Ohmschen Widerstand vernachlässigen, sie gilt um so besserer Annäherung, je mehr die Blindwiderstände gegenüber dem Ohmschen Widerstand überwiegen.

Ein Gebilde, das in der beschriebenen Art aus einer Selbstinduktion und einer Kapazität zusammengesetzt ist, heißt Schwingungskreis. Wenn für eine bestimmte Frequenz der induktive Widerstand gleich dem kapazitiven ist, so sagt man, der Kreis sei für diese Frequenz in Resonanzeinstellung. Der Kreis setzt dann dem Durchtritt des Stromes einen unendlich hohen Widerstand entgegen. Mit Rücksicht auf diese Eigenschaft heißt der Kreis auch Sperrkreis.

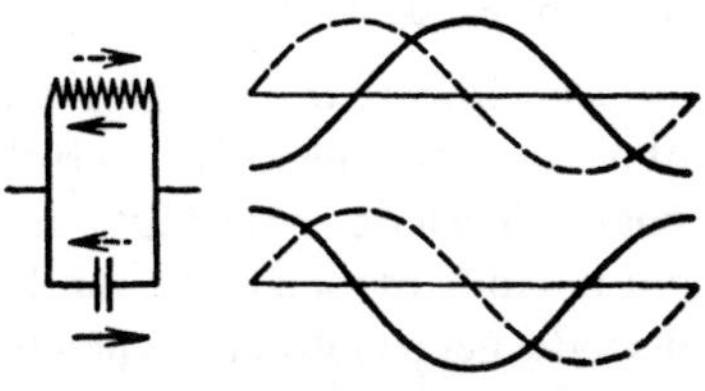

Abb. 11. Stromstärke und Spannung bei Parallelschaltung eines kapazitiven und eines induktiven Widerstandes. Die Kurve der Spannung ist gestrichelt gezeichnet, die Kurve der Stromstärke ist dick ausgezogen.

Hintereinanderschaltung von Kapazität und Selbstinduktion. Der Gesamtwiderstand des Systems hängt in komplizierter Weise von den Teilwiderständen ab (s. Formel am Schlusse des Abschnittes). Es ergibt sich die merkwürdige Tatsache, daß für den Fall, daß induktiver und kapazitiver Widerstand einander gleich sind, der Gesamtwiderstand sich auf den Ohmschen Widerstand reduziert. Man kann daher einen durch eine Selbstinduktion gebildeten Widerstand dadurch herabsetzen, daß man einen geeigneten Kondensator in Serie schaltet.

Zusammenfassend kann gesagt werden, daß man durch Parallelschaltung geeigneter Widerstände einen sehr hohen Gesamtwiderstand herstellen kann. Von dieser Tatsache macht man bei der Verwendung von Sperrkreisen Gebrauch. Dagegen kann man durch Hintereinanderschaltung ungleichartiger Widerstände den Gesamtwiderstand auf einen sehr kleinen Wert, nämlich auf den unvermeidlichen Ohmschen Widerstand, herabdrücken.

Formeln. Zur genaueren quantitativen Erfaßbarkeit der erörterten Verhältnisse seien hier die Formeln angeführt, die die

Abhängigkeit von Spannung, Stromstärke, Widerstand, Phasenverschiebung und Leistung voneinander festlegen. In den Formeln bedeutet:

W den Gesamtwiderstand,
R den Leitungswiderstand (gegeben durch die Spulenwindungen),
L die Selbstinduktion,
ω die Kreisfrequenz,
V den Scheitelwert der Spannung,
I den Scheitelwert der Stromstärke,
φ den Phasenwinkel.

Der Phasenwinkel gibt an, um wieviel die Spannung gegenüber der Stromstärke verschoben ist. 360^0 entsprechen einer vollen Periode. Beträgt der Phasenwinkel beispielsweise 90^0, dann sind Stromstärke und Spannungskurve um eine Viertelperiode gegeneinander verschoben.

Hintereinanderschaltung von kapazitivem und induktivem Widerstand.

$$W = \sqrt{R^2 + \left(\omega L - \frac{1}{\omega C}\right)^2}$$

$$\operatorname{tg} \varphi = \frac{\omega^2 L C - 1}{\omega C R}$$

$$I = \frac{V}{W}$$

Nebeneinanderschaltung von kapazitivem und induktivem Widerstand.

$$W = \frac{\sqrt{R^2 + \omega^2 L^2}}{\omega C \sqrt{R^2 + \left(\omega L - \frac{1}{\omega C}\right)^2}}$$

$$\operatorname{tg} \varphi = \frac{\omega \left[L - C\left(R^2 + \omega^2 L^2\right)\right]}{W}$$

$$I = \frac{V}{W}$$

Die Leistung des Stromes ist in beiden Fällen gegeben durch

$$\frac{V I}{2} \cos \varphi$$

Ist der Phasenwinkel 90^0, was nur bei ausschließlichem Vorhandensein von Blindwiderständen möglich ist, dann ist die Leistung des Stromes gleich Null, es fließt ein wattloser Strom.

Der Schwingungskreis.

Ein Schwingungskreis ist — wie wir gehört haben — ein Gebilde, das aus einer Selbstinduktion und einer Kapazität besteht. Seine technische Anwendungsmöglichkeit ist ungeheuer groß. Es gibt kaum ein Radiogerät, das nicht einen oder mehrere Schwingungskreise enthielte. Auch die in der Hochfrequenzbehandlung verwendeten Apparate zeigen ihn als Grundelement ihres Aufbaues.

Aus diesem Grunde ist es unerläßlich, dem elektrischen Schwingungsvorgang unser Augenmerk zuzuwenden.

Schwingung. Stellen wir uns vor, ein Kondensator hätte bestimmte Ladungen in seinen Belegungen aufgenommen. Wir verbinden die Beläge durch einen induktiven Widerstand, etwa durch eine Spule (Abb. 12). Die Spannungsdifferenz sucht sich durch die Spule auszugleichen. Die durch die Selbstinduktion erzeugte Gegenspannung läßt zunächst nur eine ganz geringe Stromstärke zu, allmählich steigt sie jedoch und erreicht schließlich einen Maximalwert. Es läßt sich sowohl experimentell als auch rein theoretisch zeigen, daß das Maximum der Stromstärke dann erreicht wird, wenn der Ladungsausgleich schon so weit vorgeschritten ist, daß zwischen den Kondensatorplatten überhaupt keine Spannungsdifferenz mehr besteht. Man könnte zunächst glauben, daß damit der ganze Vorgang beendet sei. Das ist aber nicht der Fall, denn die durch die absinkende Stromstärke verursachte Änderung des Magnetfeldes erzeugt ihrerseits durch Induktion einen Strom, der die gleiche Richtung hat, aber allmählich schwächer wird. Das hat zur Folge, daß die Kondensatorbelegungen durch den über den Ausgleich andauernden Strom sich wiederum aufladen, wenn auch in entgegengesetzter Weise. Hört der Stromfluß endlich auf, dann besteht zwischen den Kondensatorplatten wieder eine Spannungsdifferenz, die, vorausgesetzt, daß keine Verluste durch Joulesche Wärme auftreten, genau so groß ist wie zu Beginn des Versuches. Das ganze Spiel beginnt nun von neuem. In der Praxis sind aber Verluste unvermeidlich. Die Ströme werden immer schwächer und hören schließlich ganz auf.

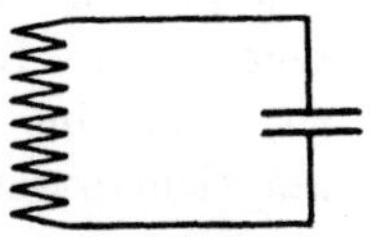

Abb. 12. Schwingungskreis.

Der Ausdruck Schwingung ist aus der Mechanik der Pendelbewegung entlehnt. In der Tat sind die hier bestehenden Ähnlichkeiten sehr groß. Das mechanische Pendel wird in einfachster Weise durch eine an einem Faden aufgehängte Kugel dargestellt. Hebt man diese aus der Ruhelage heraus und läßt man sie dann los, so beginnt sie zu wandern, da sie bestrebt ist, den tiefsten Punkt zu erreichen. Ist dies geschehen, kommt das Pendel dennoch nicht zur Ruhe. Es bewegt sich mit abnehmender Geschwindigkeit weiter, bleibt schließlich einen Augenblick lang an einer Stelle stehen, worauf die Wanderung im rückläufigen Sinne wieder aufgenommen wird. Auch hier wird durch äußere Verluste (Reibung) die Bewegung immer schwächer und hört schließlich ganz auf.

In der Mechanik werden die Begriffe, kinetische und potentielle Energie, zur Beschreibung der Vorgänge herangezogen. Die Aussage, einem Körper komme eine bestimmte potentielle Energie zu, heißt im wesentlichen, daß in ihm ein Arbeitsvorrat aufgespeichert ist, der unter geeigneten Umständen in andere Energieformen, also etwa in kinetische Energie umgesetzt werden kann. Das aus der Ruhelage herausgebrachte Pendel hat einen Zuwachs an potentieller Energie erhalten; solange es festgehalten wird, ist seine kinetische Energie gleich Null. Schwingt es, dann kommt ihm sowohl kinetische als auch potentielle Energie zu. Passiert es die Ruhelage, dann ist die aufgenommene potentielle Energie verbraucht, die kinetische Energie hat ihr Maximum erreicht, denn der tiefste Punkt wird mit der größten Wucht durchlaufen. Während der Pendelbewegung vollzieht sich andauernd eine Transformation von potentieller in kinetische Energie und umgekehrt.

Auch diese Betrachtungsweise läßt sich auf den elektrischen Schwingungsvorgang übertragen. In dem Zeitpunkt, in welchem eine leitende Verbindung der Kondensatorbelegungen hergestellt wird, fließt noch kein Strom durch die Spule. Zwischen den Kondensatorplatten besteht ein elektrisches Feld. In ihm ist eine bestimmte Feldenergie aufgespeichert, die sich etwa im Transport elektrisch geladener Körper von einer Platte zur andern äußern kann. Beginnt der Strom zu fließen, dann nimmt im Kondensatorfeld die elektrische Feldstärke und damit auch die Feldenergie ab. Der Strom erzeugt aber in der Spule ein magnetisches Feld, dem ebenfalls ein bestimmter Energiewert entspricht. Wir erinnern uns, daß gerade, wenn der Ausgleich der Ladungen erfolgt ist, das Maximum des Stromes durch die Spule fließt. In diesem Augenblick ist die elektrische Feldenergie gleich Null, die magnetische erreicht ihren höchsten Wert. Mit dem Beginn der neuerlichen Aufladung des Kondensators kehrt sich das Verhältnis um. Es wächst das elektrische Feld auf Kosten des magnetischen. Bei einem elektrischen Schwingungsvorgang vollzieht sich also andauernd eine Umsetzung von elektrischer in magnetische Energie und umgekehrt.

Frequenz. Mit welcher Geschwindigkeit vollzieht sich das Pendeln des elektrischen Stromes oder, mit anderen Worten: von welchen Faktoren hängt die Frequenz der Schwingung ab? Da während jeder halben Schwingung die ganze Ladung einer Kondensatorplatte zur anderen gebracht wird, dauert die Überführung um so länger, je größer die Ladung ist, d. h. je größer die Kapazität des Kondensators ist. Die Spule, die einen hemmenden Einfluß ausübt, verzögert den Ladungsausgleich um so mehr, je größer die Selbstinduktion ist. Aus diesen Gründen ist zu vermuten, daß die Schwingung um so länger dauern wird, je größer die Kapazität C und die Selbstinduktion L des Schwingungskreises ist. Auf Grund theoretischer Überlegungen ergibt sich für die Frequenz ν die Formel: $\nu = \frac{1}{2\pi\sqrt{LC}}$. Die Größe ν heißt Eigenfrequenz des Schwingungskreises. Es sei noch besonders hervorgehoben, daß für die Frequenz nur das Produkt von Kapazität und Selbstinduktion maßgebend ist. Es ist daher möglich, verschieden dimensionierte Schwingungskreise mit derselben Eigenfrequenz herzustellen, nur muß man mit Rücksicht auf die notwendige Konstanz des Produkts die Kapazität um so größer wählen, je kleiner die Selbstinduktion ist und umgekehrt. Je höher die Frequenz einer Schwingung ist, desto kleiner müssen Kapazität und Selbstinduktion sein. Daher kommt es, daß bei höchstfrequenten Schwingungen, etwa bei den Kurzwellen, schon die Selbstinduktion einer einzigen Drahtwindung von der entsprechenden Größenordnung ist. Ein Schwingungskreis besteht in diesem Falle aus zwei parallelen Platten (dem Kondensator) und einem einfachen Metallbügel an Stelle einer Spule.

Gedämpfte Schwingung. Schon früher machten wir darauf aufmerksam, daß infolge der andauernden Energieverluste durch

Erzeugung Joulescher Wärme die Ströme immer schwächer werden, bis schließlich und endlich die Schwingung erlischt. Das Diagramm einer solchen Schwingung wird nicht mehr durch eine reine Sinuskurve, sondern durch einen Wellenzug mit abnehmenden Scheitelwerten wiedergegeben (s. Abb. 13). Eine solche Schwingung heißt gedämpft. Im Gegensatz hierzu nennt man eine Schwingung ungedämpft, wenn sie durch eine Wellenlinie mit gleich großen Scheitelwerten dargestellt wird. Will man einen elektrischen Schwingungsvorgang aufrechterhalten, dann ist es notwendig, die Energieverluste dauernd zu ersetzen. Wir werden später sehen, daß dieser Forderung durch Verwendung der Elektronenröhre in idealer Weise Genüge getan wird.

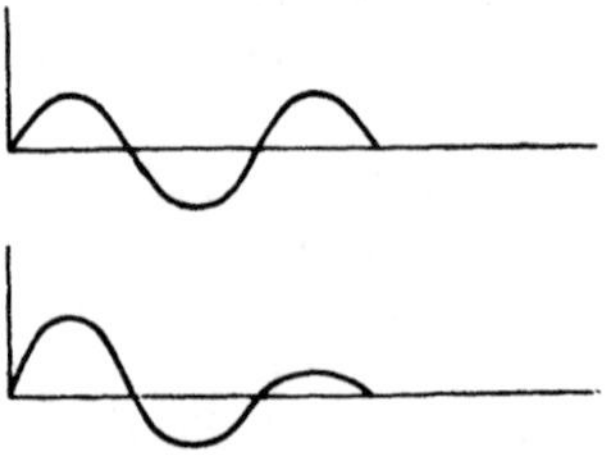

Abb. 13. Ungedämpfte Schwingung (oberes Bild) und gedämpfte Schwingung (unteres Bild).

Funkenstrecke. Die einfachste Möglichkeit der Erzeugung einer gedämpften Schwingung ist offenbar die folgende: Man erteilt einem Kondensator eine bestimmte Ladung. Verbindet man eine Belegung mit einem Ende einer Spule und legt dann das zweite Ende an die zweite Belegung, so muß sich der Ausgleich in Form einer gedämpften Schwingung vollziehen. Führt man diesen Versuch bei genügend hoher Spannung tatsächlich aus, so bemerkt man, daß bei Näherung des Spulenendes zwischen diesem und dem Kondensator ein Funken überspringt, der den Ladungsausgleich herbeiführt. Diese Beobachtung legt den Gedanken nahe, in eine fixe Apparatur eine Funkenstrecke einzubauen und den Kondensator so hoch aufzuladen, daß der Ausgleich durch Funkenübergang erfolgt. Es handelt sich dabei ja um nichts anderes als um eine Elektrizitätsleitung durch die normalerweise als guter Isolator wirkende Luft unter Lichterscheinung. Eine genaue Analyse des Vorganges zeigt, daß der uns einheitlich erscheinende Funke eine Aufeinanderfolge von immer schwächer werdenden Funken ist. Denn — wie schon zu Beginn des Abschnittes erläutert wurde — kommt es nicht zu einem einfachen Ausgleich der Ladungen, sondern zu einer Aufladung im umgekehrten Sinne, die einen neuerlichen Ausgleich notwendig macht usw. Mit dem Erlöschen des Funkens ist der

Stromkreis unterbrochen. Um einen neuerlichen Schwingungsvorgang einzuleiten, ist eine neuerliche Aufladung des Kondensators notwendig.

Zur Erzeugung eines kräftigen Funkenüberganges sind Spannungen bestimmter Höhe notwendig. Will man die Funkenstrecke mit Hilfe des Stromnetzes betreiben, dann muß der Strom zunächst auf eine höhere Spannung gebracht werden. Das geschieht mit Hilfe eines Transformators, der den Wechselstrom des Netzes in eine Spule mit verhältnismäßig wenig Windungen leitet (Primärspule). Aus der Sekundärspule mit größerer Windungsanzahl kann dann der transformierte Strom höherer Spannung entnommen werden. Dieser Strom wird dem Schwingungskreis unmittelbar zugeleitet. An Hand des Schaltschemas (Abb. 14) wollen wir uns den ganzen Vorgang wegen seiner grundsätzlichen Wichtigkeit nochmals vor Augen führen.

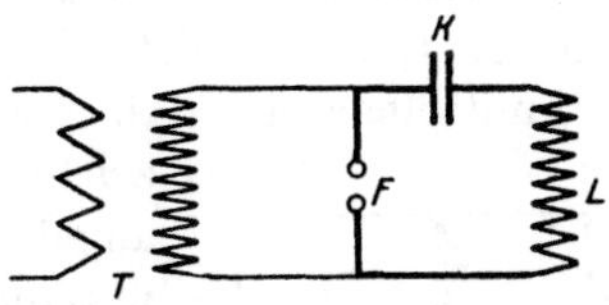

Abb. 14. Erzeugung von gedämpften Schwingungen. T Transformator, F Funkenstrecke, K Kondensator, L Selbstinduktion.

Im Transformator T wird der Strom auf eine höhere Spannung, etwa auf mehrere tausend Volt gebracht. Hat der Kondensator K eine gewisse Spannung angenommen, dann gleicht sie sich durch eine Funkenfolge aus, worauf nach einer kleinen Pause wieder eine Aufladung erfolgt, die durch Funkenübergang wiederum eine Schwingungsfolge nach sich zieht. Abb. 15 zeigt den Wechselstrom des Transformators und den Schwingungsablauf im Kreis.

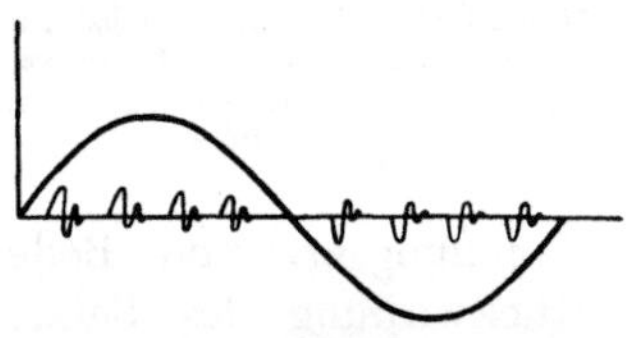
Abb. 15. Wechselstrom im Transformator und Schwingungsablauf im Kreis.

Kopplung. In den allermeisten Fällen ist es notwendig, die in einem Kreis erzeugte Schwingung auf einen zweiten Kreis zu übertragen. Ganz allgemein bezeichnet man eine Verbindung zweier Schwingungskreise als Kopplung. Es gibt drei grundsätzlich verschiedene Arten, die galvanische, induktive und kapazitive Kopplung (Abb. 16). Im ersten Falle besteht eine unmittelbare leitende Verbindung beider Kreise. Im zweiten Falle erzeugt das sich ändernde Magnetfeld der Spule L_1 Spannungsstöße in L_2 und somit Schwingungen im zweiten Kreise. Im dritten Falle wird die Schwingung durch elektrische Influenz übertragen. Die wechselnde Aufladung der Platten von K_1 erzeugt durch Influenz ebenfalls wechselnde Aufladungen in den Platten von K_2, die sich durch die Spule L_2 ausgleichen.

Weiters unterscheidet man feste und lose Kopplungen. Diese Ausdrücke sind zur ungenauen Skizzierung einer Kopplung recht geeignet, lassen sich aber nicht quantitativ fassen. Es leuchtet unmittelbar ein, daß eine galvanische Kopplung als fest zu bezeichnen ist, läßt sich doch kaum eine Methode angeben, zwei Schwingungskreise noch besser miteinander zu verbinden. Wenn wir dagegen die Schwingung eines Kreises auf einen anderen übertragen, der sich in einer Entfernung von einigen Kilometern befindet, werden wir eine solche Art der Kopplung sicherlich als lose bezeichnen. Bei fester Kopplung ist die Energieübertragung von einem Kreis auf den anderen eine recht gute. Bei loser Kopplung wird selbstverständlich nur ein geringer Teil der Energie übermittelt werden können. Aber noch in einer anderen Hinsicht ist die Kopplungsart von Bedeutung. Bei loser Kopplung wird die Rückwirkung des Senderkreises auf den Empfängerkreis sehr gering sein. Bei Verstellung des Empfängerkreises bleibt der Senderkreis in seinen Schwingungsbedingungen im wesentlichen unberührt. Jede Radiosendung ist eine Schwingungsübertragung von dem Senderkreis auf den Schwingungskreis des Empfangsapparates. Niemand zweifelt daran, daß bei Verstellung des Empfangsgerätes die Senderschwingung nicht im mindesten beeinflußt wird. Senderkreis und Empfängerkreis stehen wegen ihrer großen Entfernung in loser Kopplung. Ganz anders jedoch liegen die Dinge bei Verwendung einer festen Kopplung. Wenn wir etwa bei der galvanischen Kopplung die Kapazität des zweiten Kreises ändern, dann ändert sich auch die Frequenz der im ersten Kreis erzeugten Schwingung. Beide Kreise bilden

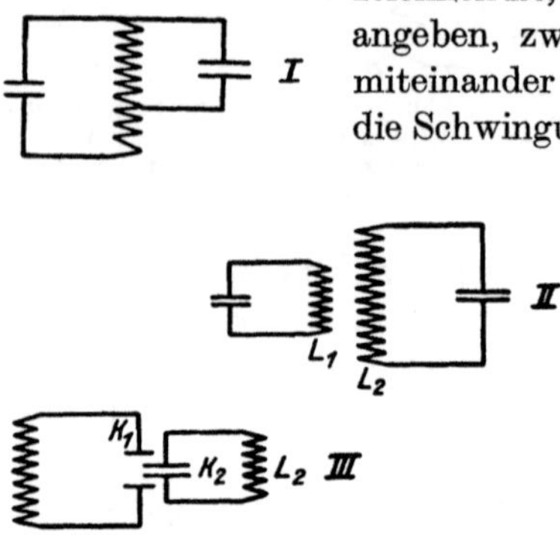

Abb. 16. Kopplungsarten: I galvanische K., II induktive K., L_1, L_2 Selbstinduktionen der Schwingungskreise, III kapazitive K., K_1, K_2 Kondensatoren der Schwingungskreise.

gewissermaßen ein Ganzes, für die Frequenz der Schwingung kommen nicht nur Kapazität und Selbstinduktion des einen Kreises, sondern auch die Bestandteile des zweiten Kreises in Betracht. Wir werden auf diese Dinge bei der Besprechung der verschiedenen Kurzwellenapparate noch zurückkommen.

Resonanz. Abgesehen von der Art der Kopplung, hängt die Energieübertragung von einem Kreis auf den anderen noch wesentlich davon ab, ob die Eigenfrequenzen der beiden Kreise übereinstimmen. Ist dies der Fall, dann sind die beiden Kreise in Resonanz: die Energieübertragung ist am allerbesten. Andernfalls wird der zweite Kreis gezwungen, mit einer Frequenz zu schwingen, die seiner Kapazität und Selbstinduktion nicht entspricht, es entsteht eine erzwungene Schwingung mit geringer Leistung.

Das Wesentliche der Resonanzeinstellung kann an einem einfachen mechanischen Beispiele leicht klargemacht werden. Will man etwa durch rhythmisches Hin- und Herziehen ein Pendel in Schwingungen versetzen, dann wird die ausgreifendste Schwingung erzielt, wenn die Frequenz des Ziehens mit der Eigenfrequenz des Pendels übereinstimmt. Sind jedoch die Frequenzen ungleich, dann kommt es auch hier zu einer erzwungenen Schwingung mit wesentlich geringerer Amplitude, da die spontane Schwingung und die äußeren Kräfte einander zum Teil entgegenarbeiten.

Ungedämpfte Schwingung und Elektronenröhre.

Entlädt sich ein Kondensator über eine Selbstinduktion, dann ist, wie wir bereits wissen, die entstehende Schwingung gedämpft. Das liegt daran, daß die durch die Joulesche Wärme bedingten Verluste eine Abnahme der Schwingungsamplitude bewirken. Nach Ablauf jeder Schwingungsperiode wird die Spannung zwischen den Kondensatorplatten immer geringer und verschwindet schließlich ganz. Gelingt es, eine Hilfsvorrichtung zu konstruieren, die den Spannungsverlust immer wieder ersetzt, dann wird die Erzeugung ungedämpfter Schwingungen möglich.

Als mechanisches Analogon betrachten wir etwa eine Schaukel. Mit jeder Schwingung nimmt die Amplitude ab. Setzen wir aber gerade im richtigen Augenblick mit einem leichten Stoß ein, dann dauert die Schaukelbewegung beliebig lange unverändert an.

Ungedämpfte Schwingung. Für niederfrequente elektrische Schwingungen läßt sich ein geeigneter Regulator leicht konstruieren (s. Abb. 17). In den Stromkreis ist ein Galvanometer eingeschaltet, der Zeiger des Instrumentes wird — sofern die Frequenz genügend niedrig ist — im Rhythmus der Schwingung hin und her pendeln. Wir können es leicht einrichten, daß bei einer bestimmten Zeigerstellung eine Spannungsquelle angeschaltet wird, die die Spannung der Kondensatorbelegungen immer wieder auf eine bestimmte Höhe bringt und so die Verluste wettmacht. In unserer Anordnung wird dies dadurch erreicht, daß die linke Seite des Zeigers mit einer Kondensatorbelegung leitend verbunden ist, während die rechte Seite von einer dünnen, isolierenden Schicht bedeckt ist. Im Verlauf jeder Schwingung wird die Kontaktstelle zweimal passiert, die Batterie wird aber nur dann für einen Augenblick angeschaltet, wenn der Zeiger von rechts nach links wandert. In diesem Zeitpunkt ist die Stromstärke gleich Null (da ja der Kontakt an der Nullstelle angebracht ist). Wie wir aus der Erörterung des Schwingungsvorganges bereits wissen, ist aber gerade dann die Spannung zwischen den Kondensatorbelegungen am größten. Die Spannung wird durch den geschlossenen Kontakt immer wieder auf den Wert der Batteriespannung gebracht. In dieser Weise werden Verluste ersetzt, die Schwingung bleibt ungedämpft, so lange die Batterie ihre Spannung aufrechterhalten kann.

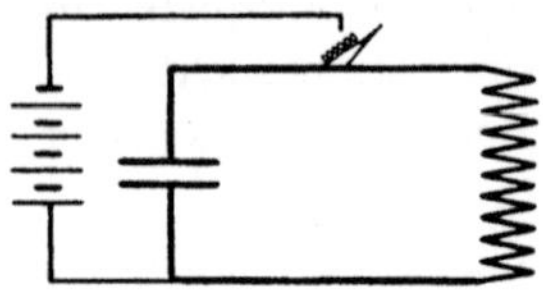

Abb. 17. Erzeugung einer ungedämpften Schwingung (nach POHL, Elektrizitätslehre).

Diese Art der Regelung ist aber für höhere Frequenzen schwer durchführbar, da die Trägheit des Instrumentes sich geltend macht. Bei höheren Frequenzen wird die Amplitude des Zeigers immer kleiner, er hat gewissermaßen nicht die Zeit auszuschwingen. Steigt man mit der Frequenz weiter, dann bleibt der Zeiger schließlich ganz stehen, da er nicht mehr imstande ist, den allzu rasch aufeinanderfolgenden Richtungsänderungen nachzukommen. Für diesen Fall müßte die Reguliervorrichtung eine bestimmte Eigenschaft aufweisen, sie müßte trägheitsfrei oder fast trägheitsfrei sein. Es ist einzusehen, daß mechanische Apparaturen — und wären sie noch so fein ausgeführt — ungeeignet sind. Es gibt jedoch ein Instrument, das die von uns aufgestellte Forderung in idealer Weise erfüllt, die Elektronenröhre.

Elektronenröhre. Die Wirkungsweise der Elektronenröhre beruht darauf, daß das Vakuum ein vollkommener Isolator ist und daß ein glühendes Metallstück außer der Wärmestrahlung noch freie Elektronen — und zwar um so mehr, je heißer es ist — aussendet. Evakuiert man ein Glasgefäß, in dessen Wand zwei Elektroden eingeschmolzen sind, so wird sein Leitungswiderstand praktisch unendlich groß. Verbindet man die beiden Elektroden mit einer Stromquelle und bringt man die Kathode[1] dadurch zum Glühen, daß man einen eigenen Strom — den Heizstrom — hindurchfließen läßt, so wandern die ausgeschleuderten Elektronen zur Anode; durch das Rohr fließt ein elektrischer Strom. Es sei nochmals betont, daß es nur dann zu einem Stromdurchgang kommt, wenn die glühende Elektrode die Kathode ist. Andernfalls würden die von der Anode emittierten Elektronen durch das entgegengesetzt gerichtete Feld gehindert werden, die andere Elektrode zu erreichen. Es würde weder in der einen noch in der anderen Richtung ein Elektrizitätstransport erfolgen. Legt man an ein Zweielektrodenrohr eine Wechselspannung, so wird nur eine Halbwelle durchgelassen, das Rohr wirkt wie ein Gleichrichter.

Kennlinie. Es ist von Wichtigkeit, die Abhängigkeit der Stromstärke von der Höhe der angelegten Gleichspannung genauer zu studieren. Wir stellen ein einfaches Experiment an. Wir schalten an das Rohr eine Gleichspannung, deren Höhe wir beliebig variieren können. An einem in den Stromkreis eingeschalteten Galvanometer können wir die jeweils herrschende Stromstärke ablesen. Auf Grund der ermittelten Werte zeichnen wir eine Kurve, wobei wir die Spannung als Abszisse, die Stromstärke als Ordinate einzeichnen. Eine Kurve, die irgendwelche Abhängigkeitsverhältnisse wiedergibt, heißt allgemein Kennlinie. In Abb. 18 ist die Kennlinie eingezeichnet, die das Verhältnis von Stromstärke und Spannung charakterisiert. Auch

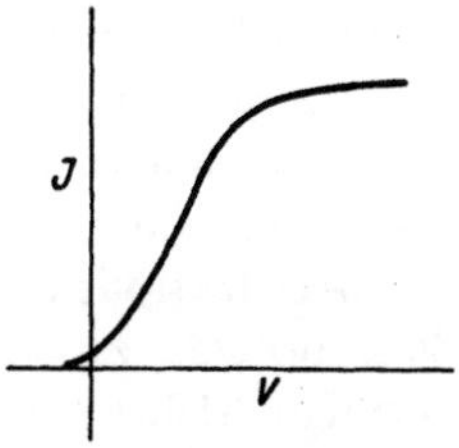

Abb. 18. Kennlinie eines Zweielektrodenrohres, J Stromstärke, V Spannung.

[1] Die mit dem positiven Pol der Stromquelle verbundene Elektrode wird Anode, die mit dem negativen Pol verbundene Elektrode Kathode genannt.

wenn man an das Rohr keine Spannung anlegt, fließt ein ganz schwacher Strom. Er kommt dadurch zustande, daß zahlreiche von der Kathode emittierte Elektronen die Anode erreichen, auch wenn diese nicht aufgeladen ist und demgemäß auch keine anziehende Wirkung ausübt. Ja es ist sogar eine — wenn auch geringe — negative Aufladung notwendig, um die heransausenden Elektronen an der Landung auf der Anode zu verhindern und somit den Strom auf den Wert Null herabzudrücken. Bei steigender Anodenspannung nimmt die Stromstärke zunächst ziemlich gleichmäßig zu (mittlerer Teil der Kurve), von einer bestimmten Stelle ab entspricht aber auch einem sehr hohen Spannungszuwachs nur ein ganz geringer Anstieg der Stromstärke und schließlich behält der Strom einen bestimmten Maximalwert, auch wenn die Spannung beliebig hoch hinaufgetrieben wird. Der maximale Strom heißt Sättigungsstrom. Eine Erklärung für dieses Phänomen kann leicht gegeben werden. Von den an der Kathode emittierten Elektronen erreicht nur ein Teil die Anode, ein anderer Teil bleibt frei schwebend in der Nähe und bildet dort die sogenannte Raumladung, die ihrerseits dem Abwandern von Elektronen von der Kathode entgegenwirkt. Je höher die Anodenspannung ist, desto mehr Elektronen wird die Anode an sich reißen, sie kann aber in der Zeiteinheit niemals mehr Elektronen erhalten als von der Kathode ausgesendet werden. Die obere Grenze, der Sättigungsstrom, ist im wesentlichen durch das Emissionsvermögen der Kathode vorherbestimmt. Je größer dieses ist, um so stärker ist auch der Sättigungsstrom.

Dreielektrodenrohr. Nun gehen wir einen Schritt weiter. Wir bringen zwischen Anode und Kathode eine dritte, gitterförmige Elektrode. Es ist klar, daß die Aufladung des Gitters von wesentlichem Einfluß auf die Stärke des Stromflusses in der Röhre ist. Es müssen ja alle Elektronen, die von der Kathode zur Anode fließen, auf ihrem Weg das Gitter durchsetzen. Ein positiv aufgeladenes Gitter verstärkt natürlich die Anziehungskraft der Anode, ein negativ geladenes Gitter stößt die Elektronen zurück und wirkt somit der Anziehung der Anode entgegen. Im ersten Fall werden die Elektronen das Gitter mit größerer Wucht durchsausen, der Strom zur Anode ist verstärkt, im zweiten Fall wird der umgekehrte Effekt erzielt. Bei einem Dreielektrodenrohr kann die Abhängigkeit von Stromstärke und

Spannung durch zwei verschiedene Arten von Kennlinien charakterisiert werden. Man kann die Änderung der Anodenstromstärke entweder bei veränderlicher Anodenspannung oder bei veränderlicher Gitterspannung messen. Die Kennlinien der zweiten Art sind für uns wichtiger.

Eine solche Kennlinie (Abb. 19) ähnelt in ihrer Form der Kennlinie des Zweielektrodenrohres. Änderungen der Gitterspannung äußern sich in Änderungen des Anodenstromes. Die Übertragung der Schwankungen ist formgetreu, wenn die mittlere Gitterspannung die Mitte der Kennlinie trifft (Abb. 19). Eine Sinusschwingung der Gitterspannung wird — wie man sieht — in eine Sinusschwingung der Stromstärke umgesetzt.

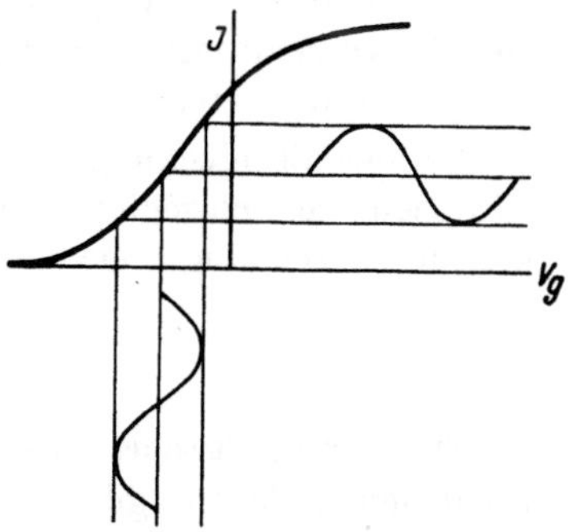

Abb. 19. Kennlinie eines Dreielektrodenrohres, J Anodenstromstärke, Vg Gitterspannung.

Ungedämpfte Schwingung und Dreielektrodenrohr. Mit Hilfe eines Dreielektrodenrohres kann eine ungedämpfte Schwingung in einfacher Weise erzeugt werden. Abb. 20 gibt hierzu die Schaltung an. Im Kreise (K, L) wird die Schwingung nur dann unbegrenzt lange andauern, wenn die Verluste ständig ersetzt werden, d. h. wenn die Kondensatorbelegungen immer wieder auf dieselbe Spannung gebracht werden. Zu diesem Zwecke ist die Batterie B angeschaltet, deren negativer Pol mit der oberen Kondensatorplatte unmittelbar verbunden ist, während die Leitung des positiven Poles zur unteren Kondensatorplatte durch das Dreielektrodenrohr unterbrochen ist. Eine zweite induktiv gekoppelte Spule L_1 führt mit ihren Enden zum Gitter und zur Kathode. Negative Aufladung des Gitters setzt den Stromfluß durch die Röhre herab, positive Aufladung des Gitters erhöht ihn. Während des Schwingungsvorganges im Kreise (K, L) wird an den Enden der Spule L_1, mithin zwischen Gitter und Kathode

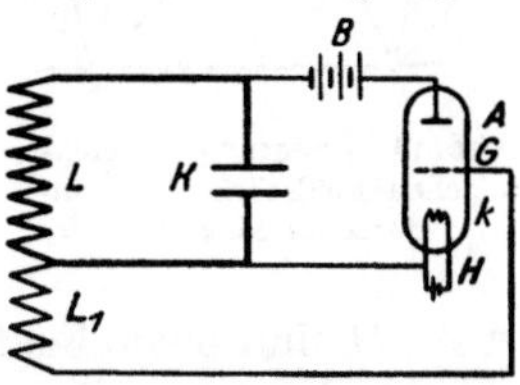

Abb. 20. Erzeugung von ungedämpften Schwingungen mit Hilfe eines Dreielektrodenrohres. B Batterie, A Anode, G Gitter, k Kathode, H Heizstromquelle, L Selbstinduktion und K Kondensator des Schwingungskreises, L_1 Selbstinduktion zur Regulierung der Gitterspannung.

eine Spannung wechselnder Höhe induziert. Der Widerstand, den die Röhre für den Strom der Batterie darstellt, hängt unmittelbar von der Aufladung des Gitters, mittelbar von dem Schwingungszustand des Kreises ab. Die Röhre wirkt in ähnlicher Weise wie die zu Anfang des Abschnittes beschriebene mechanische Reguliervorrichtung. Der Öffnung und Schließung des Kontaktes entspricht die wechselnde Aufladung des Gitters.

Bei der Besprechung des Aufbaues von Kurzwellenapparaten wird sich die Gelegenheit ergeben, noch auf eine andere Möglichkeit der Erzeugung ungedämpfter Schwingungen hinzuweisen.

Die Strahlung.

Elektromagnetisches Feld. Jede Lageänderung eines elektrisch geladenen Teilchens gibt Anlaß zu einer Veränderung des elektrischen Feldes im ganzen Raum. Nehmen wir zunächst einen einfachen Fall. Ein Elektron bewege sich langsam längs einer geraden Strecke hin und her. Dem ruhenden Elektron entspricht ein elektrisches Feld, dessen Feldlinien radiär verlaufen und dessen Feldstärke im quadratischen Verhältnis der Entfernung abnimmt. Zum Elektron im Punkte *a* gehört ein anderes Feld als zum Elektron im Punkte *b*. In Abb. 21 sind beide Felder eingezeichnet. Stellen wir in irgendeinem Punkt des Raumes ein Instrument auf, das uns die Feldstärke zu messen gestattet, so wird der Bewegung des Elektrons entsprechend eine andauernde Änderung der Feldstärke beobachtet werden können. Dem sich bewegenden Elektron kommt also ein sogenanntes elektrisches Wechselfeld zu, in ihm hat die Feldstärke keinen konstanten, sondern einen wechselnden Wert.

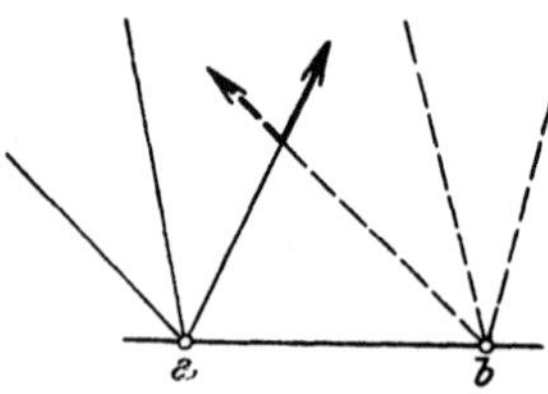

Abb. 21. Änderung der elektrischen Feldstärke bei wanderndem Elektron.

Das Wechselfeld unterscheidet sich durch eine fundamentale Eigenschaft vom statischen Feld. Jedes elektrische Wechselfeld ist nämlich mit einem gleichzeitig bestehenden magnetischen Wechselfeld untrennbar verbunden. Es sei gleich hier bemerkt, daß auch das Umgekehrte gilt: Jedes magnetische Wechselfeld ist mit einem elektrischen Wechselfeld verknüpft.

Die Gesetze dieser Verbindung sind durch den englischen

Physiker MAXWELL in eine einfache und übersichtliche mathematische Form gebracht worden. Wir wollen uns an dieser Stelle damit begnügen, das Wesentliche an Hand einiger Beispiele zu erörtern. Betrachten wir das elektrische Feld zwischen zwei kreisförmigen Kondensatorplatten. Schwankt die Aufladung des Kondensators, so ändert sich natürlich auch die Feldstärke in jedem Punkte des Feldes. Ihre Richtung steht zwar immer senkrecht zu den Ebenen der Kondensatorplatten, ihre Größe ist jedoch der Höhe der Aufladung proportional. Ein elektrisches Wechselfeld dieser Art umgibt sich mit kreisförmigen magnetischen Kraftlinien (Abb. 22).

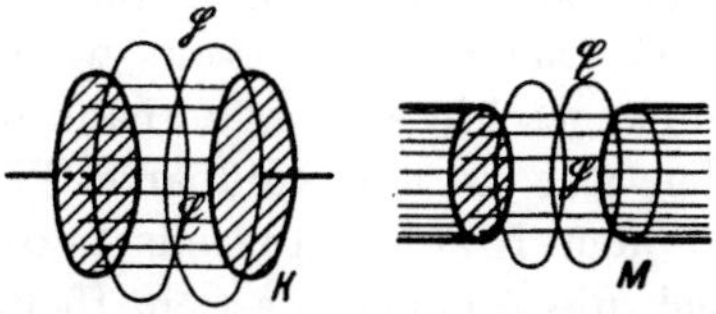

Abb. 22. Elektromagnetische Wechselfelder, E elektrische, H magnetische Kraftlinien, K Kondensatorplatte, M Magnetpol.

Ganz ähnlich liegen diese Dinge für den Fall eines einfachen magnetischen Wechselfeldes, wie es etwa zwischen zwei zylindrischen Magnetpolen besteht, wenn die Polstärken ähnlichen Schwankungen unterworfen sind wie die elektrischen Aufladungen der Kondensatorplatten. Die magnetischen Kraftlinien, die in der Längsrichtung des Feldes verlaufen, umgeben sich mit kreisförmigen elektrischen Kraftlinien (Abb. 22). Legen wir quer zu den Feldlinien einen kreisförmigen Draht, so gibt die in ihm auftretende elektrische Feldstärke Anlaß zum Fließen eines Stromes. Denn im Inneren eines Leiters kann eine elektrische Feldstärke nicht bestehen, ohne daß gleichzeitig ein Strom fließt. In der eben besprochenen Erscheinung erkennen wir unschwer den uns bereits vertrauten Induktionsvorgang. Die hier vorgenommene Ergänzung liegt im wesentlichen darin, daß auch in einem magnetischen Wechselfeld, in dem sich kein Drahtring befindet, kreisförmige elektrische Feldlinien auftreten. Die elektrische Feldstärke ist um so größer, je kräftiger das Magnetfeld ist und je schneller seine Änderung vor sich geht. Dasselbe Gesetz gilt auch für die magnetischen Kraftlinien im Kondensatorwechselfeld. Daher kommt es, daß die geschilderten Beziehungen besonders bei hohen Frequenzen an Bedeutung gewinnen.

Verschiebungsstrom. Fließt ein elektrischer Strom in einem gerade verlaufenden Drahtstück, so erzeugt er ein magnetisches Feld, dessen kreisförmige Feldlinien den Drahtring umgeben.

Wir haben eben beschrieben, daß die magnetischen Feldlinien eines Kondensatorwechselfeldes ebenfalls kreisförmig verlaufen. Es liegt daher nahe, auch dem elektrischen Wechselfeld in einem Isolator den Ausdruck „Strom“ zuzuordnen. In der Tat gebraucht man häufig für das Kondensatorwechselfeld die Bezeichnung „Verschiebungsstrom“. Die Verwendung dieses Ausdruckes bringt manche Vorteile mit sich. Sie führt zu einer gewissen Vereinheitlichung der Beschreibung elektromagnetischer Vorgänge. Wir sind zum Beispiel gewohnt, uns einen Stromfluß nur in einer geschlossenen Leiterbahn vorzustellen. Für den Gleichstrom deckt sich diese Vorstellung mit den tatsächlich bestehenden Verhältnissen. Anderseits wissen wir, daß für den Wechselstrom keine geschlossene Leiterbahn notwendig ist, da für ihn ein Kondensator ein überwindbarer Widerstand ist. Sagen wir nun, daß in dem Kondensator ein Verschiebungsstrom fließt, dann läßt sich die Aussage, daß ein fließender Strom an gar keiner Stelle unterbrochen sein darf, auch für den Wechselstrom aufrechterhalten. Wir müssen uns aber vor Augen halten, daß wir durch die Einführung des Ausdruckes Verschiebungsstrom nicht eine Ergänzung unseres Wissens vorgenommen haben. Wir haben bloß die Möglichkeit, bestimmte Sachverhalte einfacher zu beschreiben. Keinen Augenblick dürfen wir aber daran vergessen, daß im Verschiebungsstrom ein Transport von elektrischen Ladungen nicht erfolgt. Der Satz: es fließt ein Verschiebungsstrom, besagt bloß, daß ein elektrisches Wechselfeld besteht.

Wechselfeld eines Dipols. Nunmehr wollen wir dem Verständnis eines ungemein wichtigen Vorganges nähertreten, der elektrischen Strahlung. Wir nehmen an, daß sich an den Enden eines geraden Leiterstückes eine positive bzw. negative Ladung bestimmter Größe befindet. Ein Gebilde mit der geschilderten Ladungsverteilung heißt Dipol. Jede Ladung erzeugt ein elektrostatisches Feld. Wird in jedem Punkte des Raumes die resultierende[1] Feldstärke gebildet, so erhalten wir nach Richtung und Größe die dort tatsächlich herrschende Feldstärke. Nun mögen sich diese Ladungen langsam ausgleichen. Es nehmen also die Ladungen an den Enden ab, dabei werden selbstverständlich auch

[1] Die resultierende Feldstärke wird durch „vektorielle Addition“, d. h. nach Art des Kräfteparallelogramms gewonnen.

die ihnen entsprechenden Feldstärken schwächer. Ist der Ladungsausgleich erfolgt, dann herrscht einen Augenblick lang überhaupt kein elektrisches Feld. Der Vorgang verlaufe nun so weiter, daß sich die Enden wiederum, wenn auch im entgegengesetzten Sinne, aufladen. Die Feldstärke nimmt wieder zu, ihre Richtung ist aber wegen der Vertauschung der Ladungen um 180^0 verdreht. Daß gleichzeitig auch ein magnetisches Wechselfeld bestehen muß, ist auch ohne Kenntnis der Maxwellschen Gesetze unmittelbar einzusehen. Die Änderung der Ladungsgröße kann ja nur so zustande kommen, daß in der Verbindungsstrecke ein Strom fließt. Dabei umgibt sich aber, wie wir wissen, die Strecke mit kreisförmigen magnetischen Kraftlinien. Die magnetische Feldstärke hängt von der Stärke des in der Strecke fließenden Stromes ab.

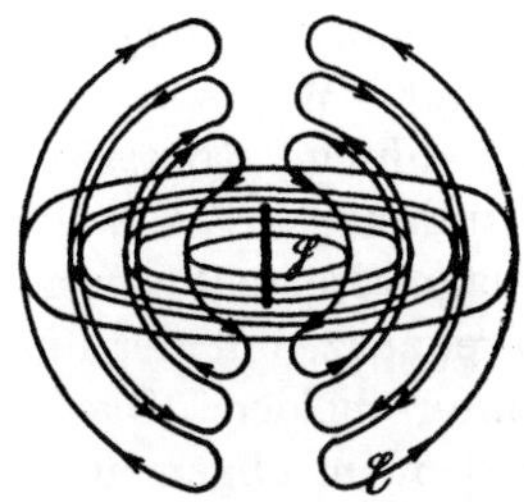

Abb. 23. Elektromagnetisches Wechselfeld eines schwingenden Dipols.

Mit den hier angestellten Überlegungen ist aber die Beschreibung des Feldes noch lange nicht erschöpft. Wir haben nämlich bis jetzt stillschweigend die Annahme gemacht, daß in allen Punkten des Raumes die Veränderung der Feldstärke gleichzeitig vor sich gehe, mit anderen Worten, daß das Signal von der stattfindenden Ladungsänderung an allen Punkten des Raumes gleichzeitig erscheine. Dem ist aber nicht so. Zwischen dem Zeitpunkt des Beginnes der Ladungsänderung und dem Zeitpunkte der Änderung der elektrischen Feldstärke in einem bestimmten Punkte des Raumes vergeht eine Zeitspanne. Nur in unmittelbarer Nähe entspricht das Feld der tatsächlich vorhandenen Ladungsverteilung, die Ausbreitung nach entfernteren Punkten erfolgt im Vakuum mit einer Geschwindigkeit von 300000 km pro Sekunde.

In genauerer Ausführung zeigt Abb. 23 die elektrischen und magnetischen Feldlinien, die einem schwingenden Dipol entsprechen. Das Bild kennzeichnet selbstverständlich den Zustand des Wechselfeldes nur zu einem ganz bestimmten Zeitpunkt. Eine kurze Zeitspanne später ist der Verlauf der Feldlinien schon wesentlich anders. Denkt man sich die Feldlinien durch Ringe aus Tabakrauch ersetzt, dann verhält sich das Wechselfeld so, als ob ununterbrochen Ringe von der in Abb. 23 angegebenen

Form mit ständig wechselndem Umlaufsinn erzeugt und unter ständiger Dehnung mit Lichtgeschwindigkeit abgestoßen würden.

Strahlung. Ein mit endlicher Geschwindigkeit fortschreitendes elektromagnetisches Wechselfeld heißt Strahlung. Die Ausbreitungsgeschwindigkeit beträgt im Vakuum 300000 km pro Sekunde. In einem Dielektrikum mit der Dielektrizitätskonstante ε ist sie gleich $\frac{300000\ \mathrm{km}}{\sqrt{\varepsilon}}$. So ist beispielsweise die Ausbreitungsgeschwindigkeit in Wasser, dessen Dielektrizitätskonstante 80 ist, $\frac{300000}{9}$, also etwa 33333 km. Der Ausdruck Strahlung ist uns bereits aus anderen Gebieten der Physik bekannt. Man spricht von Wärmestrahlung, Lichtstrahlung, UV-Strahlung, Röntgen- und Radiumstrahlung. Bei allen diesen Strahlungsarten handelt es sich um sich ausbreitende elektromagnetische Wechselfelder, die sich voneinander bloß durch die Frequenz, mit der die Richtungsänderungen des Feldes erfolgen, unterscheiden. Die in der Radiotelegraphie verwendeten Wellen haben im allgemeinen eine Frequenz von weniger als 10^6 Hertz. Die Kurzwellen und Ultrakurzwellen erfüllen das Frequenzband von $3{,}10^6$ bis etwa 10^{11} Hertz. Daran schließen sich die Wärmestrahlen und die sichtbaren Strahlen mit einer Frequenz von mehr als 10^{14} Hertz. Noch größere Frequenz haben die ultravioletten Strahlen. Den Röntgen- und Radiumstrahlen kommt eine Frequenz der Größenordnung von 10^{18} Hertz zu. Strahlungsfelder gleicher Frequenz können sich voneinander durch die Gestalt des Feldes, d. h. durch die Richtungen von elektrischer und magnetischer Feldstärke, wie auch durch die Intensitäten der Feldstärken unterscheiden. So ist es beispielsweise klar, daß das Strahlungsfeld von zahlreichen, im Raum angeordneten Dipolen eine andere Form hat als das Feld eines einzigen Dipols. Es ist auch weiter selbstverständlich, daß ein Dipol, in dem große Elektrizitätsmengen hin und her pendeln, ein stärkeres Feld erzeugt als ein schwingender Dipol mit geringerer Aufladung an seinen Enden.

Welle. Für periodisch verlaufende Vorgänge benützt man in der Physik den Ausdruck Welle. Die Bezeichnung stammt aus der Hydrodynamik. Wirft man einen kleinen Körper, etwa ein Steinchen, in einen Wasserbehälter, so entsteht eine eigentümliche

Bewegung der Wasserteilchen, sie bewegen sich periodisch auf und nieder, es entstehen Wellentäler und Wellenberge, immer mehr Teilchen machen die Bewegung mit, die Welle breitet sich aus. Für den Fall der elektromagnetischen Strahlung ist die Bewegung der Wasserteilchen ersetzt durch die Ab- und Zunahme der Feldstärken. Das Merkmal der Ausbreitung ist hier wie dort vorhanden.

Zur Charakterisierung einer Welle benützt man eine Reihe von Größen: Intensität, Fortpflanzungsgeschwindigkeit, Frequenz, Schwingungsdauer, Wellenlänge. Zwischen einigen dieser Größen bestehen wichtige Beziehungen.

Die Zeit, die während des Ablaufes einer Schwingungsperiode vergeht, heißt Schwingungsdauer. Dabei sei nochmals betont, daß unter einer Schwingung ein Hin- und Herpendeln verstanden wird, so daß nach Ablauf einer Schwingung der ursprüngliche Zustand erreicht ist. Die Schwingungsdauer bezeichnet man gewöhnlich mit der Größe τ. In der Sekunde finden so viele Schwingungen statt, wie die Frequenz ν es angibt. Die Schwingungsdauer τ reiht sich also νmal aneinander, bis der Zeitraum einer Sekunde erfüllt ist. Daraus erfolgt die wichtige Beziehung $\nu \,.\, \tau = 1$. Zur Erläuterung des Begriffes Wellenlänge müssen wir etwas weiter ausholen. Denken wir uns das Wellenfeld des Dipols in seiner ganzen Ausdehnung plötzlich erstarrt, so bestehen in den Punkten des Raumes die allerverschiedensten Feldstärken. Abgesehen von den allein durch die Entfernung bedingten Unterschieden der Intensitäten, befinden sich die Feldstärken in ganz verschiedenen Schwingungsphasen. Wir wählen nun einen Punkt in der Nähe des Dipols und schreiten so lange fort, bis wir einen Punkt finden, in dem die Feldstärken sich in derselben Schwingungsphase befinden. Die Entfernung dieser Punkte heißt Wellenlänge. Wenn die Feldstärken zu einem Zeitpunkt sich in derselben Phase befinden, dann ist dies auch in allen späteren Zeitpunkten der Fall, denn die Dauer der Schwingung ist ja in allen Punkten dieselbe, nämlich gleich der Schwingungsdauer des Dipols. Nach Ablauf der Schwingungsdauer τ werden wir in beiden Punkten die Feldstärken in demselben Schwingungszustand wiederfinden. Das kann aber offenbar nur so geschehen sein, daß die Welle, die vorhin den näher gelegenen Punkt gerade berührt hatte, nach Ablauf der Zeit den entfernteren Punkt erreicht hat. Für eine gleichförmige fortschreitende Bewegung gilt die Formel:

$c \cdot t = s$ oder Geschwindigkeit mal Zeit ist gleich Weg. Die Geschwindigkeit ist hier gleich c (300000 km), die Zeit ist die Schwingungsdauer τ, der durchlaufene Weg ist nach Definition gleich der Wellenlänge λ. Es gilt demnach die fundamentale Beziehung $c \cdot \tau = \lambda$, oder, da $\nu = \frac{1}{\tau}$, $c = \lambda\, \nu$. Da demnach das Produkt aus Frequenz und Wellenlänge einen konstanten Wert hat, ist für eine bestimmte Schwingung die Wellenlänge um so größer, je kleiner die Frequenz ist und umgekehrt.

Offener und geschlossener Schwingungskreis. Die Strahlung ist um so kräftiger, je größere Werte elektrische und magnetische Feldstärke annehmen. Jeder arbeitende Schwingungskreis sendet andauernd eine bestimmte Strahlung aus. Von welchen Umständen die Stärke der Strahlung abhängt, wollen wir uns jetzt klarmachen. Betrachten wir zunächst einen einfachen Schwingungskreis. In einem bestimmten Zeitpunkte hat der Kondensator eine bestimmte Aufladung, gleichzeitig fließt in der Spule ein Strom von bestimmter Stärke. Wir hatten bis jetzt immer nur von einem elektrischen Feld zwischen den Kondensatorplatten gesprochen. Selbstverständlich herrscht aber auch im ganzen Raum ein durch die Ladungen bedingtes elektrisches Feld. Es läßt sich zeigen, daß dieses Feld um so schwächer ist, je geringer der Abstand der Kondensatorplatten ist. Bezüglich des magnetischen Feldes wissen wir, daß die größten Feldstärken im Inneren der Spule bestehen, selbstverständlich besteht aber auch im ganzen Raum ein magnetisches Feld von entsprechend geringerer Stärke. Die außerhalb des Kreises bestehenden Feldstärken sind also, wie wir ersehen, recht gering, dementsprechend ist auch die Abstrahlung unbedeutend. Ein Kreis der geschilderten Art heißt geschlossener Schwingungskreis. Der Name kommt daher, daß der Kreis die Gestalt eines nahezu geschlossenen Leitersystems hat, er ist ja nur durch den schmalen Raum zwischen den Kondensatorplatten unterbrochen. Ein geschlossener Schwingungskreis verliert nicht viel Energie durch Abstrahlung. Vom geschlossenen Schwingungskreis kann man allmählich über einige Zwischenstufen zum offenen Schwingungskreis übergehen. Die Kondensatorplatten werden immer mehr voneinander entfernt, damit wird auch die Kapazität immer geringer. Sie erreicht ihren geringsten Wert, wenn der Schwingungskreis geradegestreckt ist.

Durch weiter stetige Änderung kann man auch die Platten immer mehr verkleinern und schließlich ganz weglassen. Sodann verringern wir die Anzahl der Windungen der Spule, bis schließlich als Rest ein einziges gerades Stück Draht übrigbleibt. Wir sehen, daß ein gerades Leitungsstück — ein Dipol — das einfachste Beispiel eines Schwingungskreises darstellt. Läuft in ihm ein Schwingungsvorgang ab, so pendeln in ihm die Elektronen hin und her, und zwar mit um so größerer Amplitude, je näher sie sich zur Mitte des Drahtes befinden.

Der Dipol ist der extremste Sonderfall eines offenen Schwingungskreises. Kapazität und Selbstinduktion sind in ihm nicht mehr voneinander geschieden, der ganze Leiter wirkt sowohl als Induktion wie auch als Kapazität.

Die Strahlung eines geschlossenen Schwingungskreises ist sehr schwach. Je mehr er geöffnet wird, desto stärker ist die Strahlung, am allerstärksten strahlt der Dipol. Das kommt daher, daß unter sonst gleichen Bedingungen die elektrische und magnetische Feldstärke im Raume höhere Werte annehmen als im Falle eines mehr geschlossenen Kreises, bei dem ja bekanntlich die Feldenergie teils in der Spule, teils im Kondensatorfeld zusammengehalten wird.

Stehende Wellen. Außer den im Raume fortschreitenden Wellen gibt es noch eine andere Wellenart, die stehenden Wellen. An einem einfachen mechanischen Beispiel kann man sich den Unterschied leicht klarmachen. Wir nehmen das Ende eines langen Seiles und führen damit eine leichte Schüttelbewegung aus. Dadurch wir eine Wellenbewegung ausgelöst, die mit einer bestimmten Geschwindigkeit entlang des Seiles fortschreitet. Genau wie im elektrischen Wellenfeld befinden sich auch hier die einzelnen Teilchen zur gleichen Zeit in verschiedenen Schwingungsphasen, das Ausmaß der Schwingung, die Amplitude, ist jedoch für alle Teilchen dieselbe, wenn von Reibungsverlusten abgesehen wird. Nach einiger Zeit erreicht die fortschreitende Wellenbewegung das andere Ende des Seiles. Dort erfolgt eine Reflexion, d. h. es entsteht daselbst eine rückläufige Welle, die sich der bereits vorhandenen Welle überlagert; das Ergebnis ist eine stehende Welle[1].

[1] Es bildet sich nur dann eine einfache stehende Welle aus, wenn eine bestimmte Beziehung zwischen Frequenz der Schüttelbewegung, Fortpflanzungsgeschwindigkeit der Welle und Länge des Seiles besteht.

Schwingungsknoten und Schwingungsbäuche. Während im Falle der fortschreitenden Welle jeder Punkt des Seiles eine vollständige Schwingung ausführt, wobei bloß bezüglich der Schwingungsphase Unterschiede bestehen, ist die Sachlage bei der stehenden Welle ganz anders. Es kann sowohl durch die Rechnung als auch durch das Experiment gezeigt werden, daß sich in jedem Zeitpunkte alle Teilchen des Seiles in derselben Schwingungsphase befinden, daß aber die Amplituden durchaus verschieden sind. Die am stärksten schwingenden Stellen heißen Schwingungsbäuche, während die Stellen, die überhaupt keine Schwingung ausführen, Schwingungsknoten heißen. Der Abstand der Schwingungsbäuche, ebenso wie der Abstand der Schwingungsknoten, ist konstant und ist gleich der halben Wellenlänge. Zum Vergleich zeigt Abb. 24 die fortschreitende und stehende Welle in zwei verschiedenen Zeitpunkten.

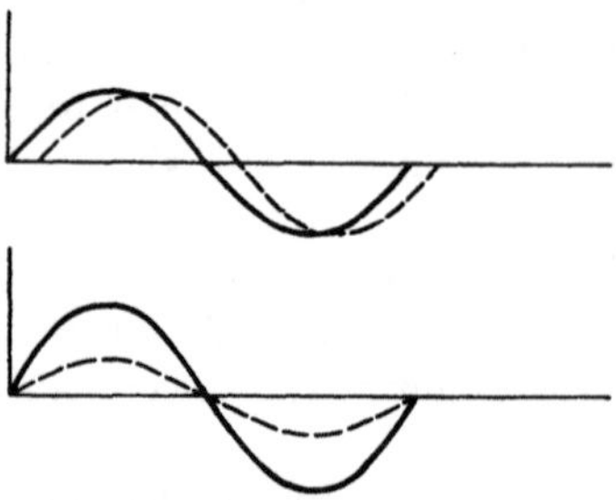

Abb. 24. Fortschreitende (oberes Bild) und stehende (unteres Bild) Welle in zwei aufeinanderfolgenden Zeitpunkten.

Stehende elektromagnetische Wellen. Diese lassen sich am leichtesten an zwei parallelen Drähten — einem sogenannten Lechersystem — erzeugen.

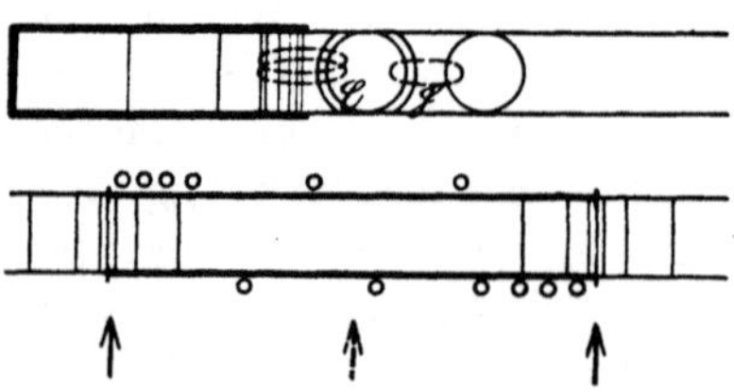

Abb. 25. Stehende elektromagnetische Welle im Lecherdrahtsystem. *E* elektrische, *H* magnetische Kraftlinien. Die kleinen Kreise stellen die hin- und herpendelnden Elektronen dar. Gestrichelter Pfeil zeigt auf Strombauch, ausgezogener Pfeil auf Spannungsbauch.

Wir gehen von einem Schwingungskreis aus, der seiner Form nach ein Mittelding zwischen einem Dipol und einem geschlossenen Schwingungskreis ist. Wir stellen ihn in der Weise her, daß wir ein gerades Drahtstück zweimal rechtwinkelig abbiegen (Abb. 25). In diesem Kreis werde eine Schwingung dauernd unterhalten. Der Verlauf der elektrischen Feldlinien ist leicht zu ermitteln. Abwechselnd ist entweder die obere oder die untere Hälfte positiv bzw. negativ aufgeladen. Zwischen den Endpunkten ist die Spannung natürlich viel höher als zwischen näher zur Mitte liegenden Stellen. Die elektrischen Feldlinien verlaufen zwischen den beiden Armen des Kreises und drängen sich an den Enden (wegen der dort herrschenden höchsten Spannung) zusammen[1].

Nun schließen wir an beide Enden des Kreises unendlich lange Drahtstücke an. Die Schwingung setzt sich auf die Drahtstücke in der Art, wie es Abb. 25 zeigt, fort. Die elektrischen Feldlinien sind von magnetischen Feldlinien umgeben, die ihrerseits zur Bildung neuer elektrischer Feldlinien ein Stück weiter vorwärts Anlaß geben. Dort, wo die neuen elektrischen Feldlinien in die Leiter eindringen, wird eine Elektronenbewegung ausgelöst. Das Feld schreitet längs der Drähte mit einer Geschwindigkeit von 300000 km in der Sekunde fort. Würden wir als Beobachter uns mit derselben Geschwindigkeit mitbewegen, so würden wir immer dasselbe Feld sehen und den Eindruck eines stationären Zustandes haben. Bleiben wir aber relativ zu den Drähten in Ruhe, so beobachten wir, daß längs der Drähte eine fortschreitende Wellenbewegung abläuft, in der Art, daß die Elektronen in den verschiedenen Anteilen der Drähte zu einem bestimmten Zeitpunkt zwar in verschiedenen Schwingungsphasen sind, aber mit gleich großen Amplituden schwingen. Es liegt also im wesentlichen dasselbe Verhalten vor, wie bei der fortschreitenden Wellenbewegung entlang des Seiles.

Die Ausbreitung der Welle vollzieht sich im Dielektrikum außerhalb der Leiter, was nach dem früher Gesagten ohne weiteres verständlich ist. Daher hängt auch die Geschwindigkeit der Ausbreitung von der Art des Mediums und nicht von der Art der Leiter ab. Maßgebend ist vor allem dabei die Dielektrizitätskonstante. Legen wir das Lechersystem beispielsweise in Wasser, so ist die Geschwindigkeit ungefähr ein Neuntel des für das Vakuum oder für die Luft geltenden Wertes.

Was geschieht nun, wenn die Drähte, was ja praktisch immer der Fall ist, an irgendeiner Stelle endigen? Wie in dem oben angeführten Beispiel des schwingenden Seiles kommt es auch hier zu einer Reflexion. Die Art der Reflexion ist verschieden, je nachdem, ob die Drähte frei endigen, ob sie den Belegen eines Kondensators zugeführt werden oder ob sie kurzgeschlossen sind.

[1] Man pflegt die elektrischen Feldlinien an Stellen größerer Feldstärke dichter einzuzeichnen.

In allen Fällen überlagert sich der fortschreitenden eine rückläufige Welle; erreicht sie den Anfang des Lechersystems, so erfolgt eine neuerliche Reflexion. Die Länge der Drähte kann so gewählt werden, daß die zum zweiten Male reflektierte Welle sich mit der eben abgehenden Welle in der gleichen Schwingungsphase befindet. In diesem Falle ist das Ergebnis der Überlagerung eine einfache stehende Welle mit Schwingungsknoten und Schwingungsbäuchen (Abb. 25).

Die Schwingung in den Drähten verläuft dann so, als ob das Lechersystem in eine Anzahl Dipole zerfallen wäre. Dabei ist die Schwingungsphase zweier gegenüberliegender Dipole einander entgegengesetzt (um eine halbe Periode verschoben). An den Stellen der stärksten Zusammendrängung der Elektronen besteht naturgemäß die stärkste Spannung, man nennt diese Stellen daher Spannungsbäuche. Zwischen den Mittelpunkten der Dipole bildet sich überhaupt keine Spannung aus, diese Stellen heißen Spannungsknoten. Die Mitte des Dipols wird von zahlreichen Elektronen ständig durchsetzt, gegen die Enden des Dipols wird die Anzahl immer geringer. Die Stellen der stärksten Stromstärke heißen Strombäuche, die Stellen der geringsten Stromstärke Stromknoten. Es ist klar, daß die Stromknoten an den Grenzen der Dipole liegen, da sich dort überhaupt keine Elektronenbewegung vollzieht. Die Stromknoten fallen mit den Spannungsbäuchen, die Spannungsknoten mit den Strombäuchen zusammen. Der Abstand zweier Spannungsbäuche (oder Knoten) ist gleich der halben Wellenlänge. Bezüglich der Elektronen sei noch besonders hervorgehoben, daß sie alle zur selben Zeit sich in der gleichen Schwingungsphase befinden, aber mit verschiedenen Amplituden schwingen. Am stärksten pendeln die Elektronen in der Mitte der Dipole, am wenigsten an den Enden.

Wellenlängenmessung. Verschiebt man eine Drahtbrücke, in deren Mitte ein Glühlämpchen angebracht ist, entlang des Lechersystems, so leuchtet es an bestimmten Stellen hell auf, während es an anderen Stellen erlischt. Die genauere Untersuchung ergibt, daß die Stellen des Aufleuchtens den Strombäuchen, die Stellen des Erlöschens den Stromknoten entsprechen. Will man die Wellenlänge eines Senders messen, so genügt es vollkommen, ein Lechersystem in irgendeiner Weise mit dem Sender zu koppeln und die Spannungsbäuche in der geschilderten Art aufzusuchen.

Da der Abstand zweier benachbarter Bäuche gleich der halben Wellenlänge ist, muß dieser Wert nur mit 2 multipliziert werden, damit der Wert der Wellenlänge erhalten werde.

Die Strahlung eines Lechersystems ist außerordentlich schwach. Im Gegensatz zum einfachen Dipol ist hier das Feld zum größten Teil zwischen den Drähten konzentriert. Die außen bestehenden Feldstärken sind gering. Aus diesem Grund kann das Lechersystem auch dazu benützt werden, Hochfrequenzenergie unter möglichst geringen Verlusten von einer Stelle zu einer anderen hinzuleiten.

Stationäre und quasistationäre Ströme. Ein Vorgang, der innerhalb einer gewissen Zeit in gleicher Weise abläuft, heißt stationär. Ein Beispiel hierfür ist das Fließen eines Gleichstroms durch einen Leiter. Dabei wird, wie wir wissen, jeder Querschnitt in der Sekunde von der gleichen Anzahl von Elektronen durchsetzt, die Stromstärke ist an allen Stellen die gleiche. Senden wir einen niederfrequenten Wechselstrom durch einen Leiter, so bestehen zwar keine stationären Verhältnisse mehr, da der Strom seine Richtung und Stärke andauernd ändert, die effektive Stromstärke ist jedoch wie im Falle des Gleichstroms an allen Stellen dieselbe. Mit Rücksicht darauf nennt man den Strom quasistationär. Im Falle der Stromleitung in einem Lechersystem ist jedoch die Stromstärke an verschiedenen Stellen verschieden. Es gibt Stellen, an denen die Stromstärke ihren Höchstwert erreicht (Strombäuche), und solche, an denen die Stromstärke überhaupt gleich Null ist (Stromknoten). Ein Strom, dessen effektive Stromstärke vom Ort der Messung abhängt, ist nicht mehr quasistationär.

Einem niederfrequenten Wechselstrom entspricht eine sehr große Wellenlänge; die Länge des Drahtes, innerhalb welcher die Stromstärke gemessen wird, ist klein gegenüber der Wellenlänge. Für das Lechersystem trifft dies jedoch nicht zu, die Länge des Meßbereiches ist von derselben Größenordnung wie die Wellenlänge. Die hier angeführten Beziehungen sind nicht zufällig. Es läßt sich vielmehr zeigen, daß nur dann, wenn die Länge des Meßbereiches sehr klein ist gegenüber der Wellenlänge, quasistationäre Verhältnisse bestehen. Ist dies nicht der Fall, sind also Meßbereich und Wellenlänge von derselben Größenordnung, dann ist auch der Strom nicht mehr quasistationär, das heißt, die Stromstärke ist je nach der Wahl des Meßortes verschieden. Es ist leicht einzusehen, daß dies meßtechnisch von großer Bedeutung ist. Für Diathermieströme, denen eine Wellenlänge von mehreren hundert Metern zukommt, bestehen im allgemeinen quasistationäre Verhältnisse, für die Kw.-Ströme jedoch sind die Dimensionen des Schwingungskreises bereits von derselben Größenordnung wie die Wellenlänge. Die Maßzahl der Stromstärke ist daher von der Stelle der Messung abhängig. Es soll später noch genauer ausgeführt werden, wie sehr die Dosierung der Kw.-Behandlung dadurch erschwert wird.

Durchgang hochfrequenter Ströme durch Leiter erster und zweiter Klasse.

Leiter erster Klasse. Zunächst wollen wir uns einige bereits bekannte Gesetzmäßigkeiten bezüglich des Stromdurchganges durch Gebilde, die aus Leitern erster Klasse aufgebaut sind, kurz vergegenwärtigen.

Der Widerstand, den ein Körper dem Gleichstrom entgegensetzt, heißt Ohmscher oder Leitungswiderstand. Für einen Wechselstrom treten gegebenenfalls noch induktive und kapazitive Widerstände hinzu. Ein Gleichstrom fließt durch eine Spule genau so gut wie durch ein gerades Leiterstück derselben Länge, für ihn ist der induktive Widerstand gleich Null. Ein Kondensator kann von einem Gleichstrom nicht durchsetzt werden, jeder kapazitive Widerstand ist für den Gleichstrom unendlich groß. Für einen Wechselstrom ist die Form eines Leiters von wesentlicher Bedeutung, ein aufgerollter Draht bildet neben dem Leitungswiderstand noch einen induktiven Widerstand, der unter entsprechenden Umständen den Ohmschen Widerstand bei weitem übertreffen kann. Der induktive Widerstand nimmt mit der Frequenz des Stromes zu. Umgekehrt nimmt der kapazitive Widerstand eines Kondensators mit steigender Frequenz ab. Will man die Leitfähigkeit eines Gebildes für eine bestimmte Frequenz richtig einschätzen, so muß man sich über die Durchgangsmöglichkeiten des Stromes und die Größenordnung der vorhandenen Widerstände im klaren sein.

Solenoid. Wir wollen uns diese Verhältnisse an einem einfachen Beispiel, und zwar an einer Spule klarmachen. Dem Strom steht in erster Linie eine gewundene, aus einem Leiter bestehende Strombahn zur Verfügung. Wir dürfen aber nicht vergessen, daß jede Windung mit der Nachbarwindung einen Kondensator bildet. (Das Wesentliche eines Kondensators besteht ja darin, daß zwei Leiterstücke durch ein Dielektrikum voneinander geschieden sind. Welche Form die Leiterstücke haben, ob es Platten oder Drahtringe sind, ist von keiner Bedeutung.)

Da demnach jede Spule ein System von kompliziert aufgebauten Kondensatoren ist, kommt ihr eine bestimmte, wenn auch kleine Kapazität zu. Daraus folgt, daß eine Spule auch kapazitiv leiten kann. Für niederfrequente Ströme ist freilich der kapazitive Widerstand so groß, daß wir ihn gar nicht in Rechnung zu ziehen brauchen und mit der Bewertung des induktiven und Ohmschen Widerstandes das Auslangen finden. Steigt jedoch die Frequenz des Stromes an, dann nimmt bei ein und derselben Spule der induktive Widerstand immer mehr zu, während der kapazitive abnimmt. Oberhalb einer bestimmten Frequenzgrenze überwiegt schließlich der induktive Widerstand gegenüber dem kapazitiven so sehr, daß der Strom den kapazitiven Weg vorzieht. Er springt dann gewissermaßen von Windung zu Windung und durchsetzt das Isolationsmaterial als Verschiebungsstrom. Für solche Frequenzen verhält sich die Spule genau wie ein Kondensator. Die Art des Stromdurchganges wurde an dem Beispiele der Spule deswegen so genau auseinandergesetzt, um besonders deutlich darzulegen, daß gewisse Vorstellungen, die im Gebiete des Gleich- bzw. niederfrequenten Wechselstromes unbedenklich angewendet werden, nicht ohne weiteres auf höchstfrequente Ströme übertragen werden dürfen.

Skineffekt. Aber auch ein einfaches, gerades Leiterstück zeigt hochfrequenten Wechselströmen gegenüber Besonderheiten. Wir haben uns bisher vorgestellt, daß der Querschnitt eines Leiters gleichmäßig ausgenützt wird, mit anderen Worten, daß jeder Quadratmillimeter des Querschnittes in der Zeiteinheit von gleich vielen Elektronen durchsetzt wird. Diese Vorstellung ist für den Gleichstrom zutreffend. Senden wir aber Wechselströme steigender Frequenz durch den Draht, so zeigt es sich, daß die hin und her pendelnden Elektronen sich immer mehr an der Oberfläche zusammendrängen, bis schließlich bei höchsten Frequenzen der Wechselstrom überhaupt nur an der Oberfläche des Leiters fließt. Man bezeichnet diese Erscheinung als Skineffekt, zu deutsch Hauteffekt, da der Stromdurchgang gewissermaßen nur an der Haut des Leiters erfolgt. Eine Erklärung dieses auf den ersten Blick rätselhaften Sachverhaltes ist leicht zu geben. Die im Leiter hin und her pendelnden Elektronen erzeugen ein magnetisches Wechselfeld im Leiter selbst, das seinerseits zur Entstehung elektrischer Feldstärken im Leiter Anlaß gibt. Eine genaue Betrachtung zeigt, daß ebenso wie in der Spule die erzeugte elektromotorische Kraft dem Strom entgegenwirkt. Im zentralen Anteil des Leiters sind die Gegenkräfte besonders stark, so daß dort der Strom am meisten herabgedrückt wird. Daraus ergibt sich das scheinbare Zusammenrücken der Stromlinien an der Oberfläche des Leiters. Da die erzeugten Feldstärken nach den Maxwellschen Gesetzen um so stärker sind, je schneller sich das Magnetfeld ändert, ist es klar, daß bei geringen Frequenzen der Skineffekt nicht nachgewiesen werden kann, bei hohen Frequenzen aber eine große Bedeutung erlangt. Der Skineffekt ist seiner Natur nach nichts anderes als die Selbstinduktionswirkung eines geraden Leiters.

Elektrolyte. Außerordentlich interessant ist das Verhalten von Elektrolytlösungen bei Durchgang hochfrequenter Ströme. Zunächst wäre zu vermuten, daß ebenso wie bei den Leitern erster Klasse das Ausmaß der Wärmebildung in der Sekunde gegeben sei durch die Formel $W = J^2 . R\, 0{,}24$ cal. Dabei bedeutet J die effektive Stromstärke und R den Leitungswiderstand. Prüfen wir die Gültigkeit dieser Formel bei Anwendung von Strömen, deren Frequenz den Diathermieströmen entspricht, so sehen wir, daß das Verhalten von Lösungen — sofern die Widerstandswerte innerhalb bestimmter Grenzen liegen — befriedigend wiedergegeben ist. Halten wir die Stromstärke J konstant, so folgt aus der Formel, daß mit zunehmendem Leitungswiderstand die Erwärmung immer größer werden muß. Der Widerstand wird dadurch vergrößert, daß man die Lösungen immer mehr verdünnt. Denn da die Leitung durch Jonenwanderung erfolgt, muß die Leitfähigkeit bei Verminderung der Jonenanzahl abnehmen. Es zeigt sich, daß bis zu einer bestimmten, recht hohen Verdünnungsgrenze die Wärmebildung tatsächlich ansteigt, daß aber bei weiterer Verdünnung die Erwärmung wieder abnimmt. Da ein solches Verhalten der Formel widerspricht, muß der Versuch gemacht werden, mit Hilfe eines anderen Gesetzes die tatsächlich bestehenden Zusammenhänge zu erfassen.

Stellen wir dieselbe Versuchsreihe mit höher frequenten Strömen, etwa mit Kw.-Strömen, an, so ergibt sich im wesentlichen dasselbe Verhalten, nur tritt das Maximum der Erwärmung nicht erst bei hochverdünnten Lösungen ein. Es erwärmen sich vielmehr konzentriertere Lösungen, die bezüglich ihrer Leitfähigkeit den Werten menschlicher Gewebe recht nahe kommen, am meisten. Auf dieser Eigenheit beruht — wie wir noch später sehen werden — zum Teil die besondere therapeutische Verwendbarkeit der Kw.-Ströme.

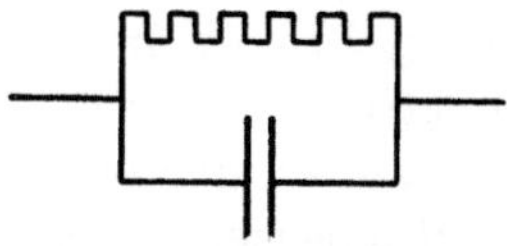

Abb. 26. Nebeneinanderschaltung von Ohmschem und kapazitivem Widerstand.

Dieses sonderbare Verhalten der Lösungen ist durch folgende Überlegung aufzuklären. Bringen wir die Lösung zwischen zwei Metallplatten, an denen die Stromzuführungen angeschlossen sind, so bieten sich dem Strome grundsätzlich zwei Durchgangsmöglichkeiten. Er kann durch Jonenwanderung als Leitungsstrom fließen oder er kann die Lösung in der Art einer Kondensatorzwischenschicht als Verschiebungsstrom durchsetzen. In welcher Weise sich der Strom auf beide Wege aufteilt, hängt von der Größe des Leitungs- und kapazitiven Widerstandes, mithin auch von der Frequenz des Stromes ab. Abb. 26 stellt die beiden Wege schematisch dar. Stellt man auf Grund dieser Annahmen eine Formel für die Wärmebildung in der Sekunde auf, so erhält man den etwas komplizierten Ausdruck $W = \frac{J^2 R}{1 + \omega^2 C^2 R^2}\,0{,}24$ cal. Dabei ist J die effektive Stromstärke, R der Leitungswiderstand, ω die Kreisfrequenz und C die Kapazität des aus den Elektroden und der Lösung hergestellten Kondensators.

Für genügend kleines ω, das heißt für hinreichend niederfrequente Ströme, ist der Wert von $\omega^2 C^2 R^2$ sehr klein, man kann ihn daher, ohne einen allzu großen Fehler zu begehen, aus der Formel weglassen und erhält dann den vereinfachten Ausdruck: $W = J^2 R \,.\, 0{,}24$ cal. Die zu Anfang unserer Erörterungen angegebene Formel erweist sich somit als Spezialfall der genaueren Fassung.

Fragt man, welche Beziehung zwischen ω, C und R bestehen muß, damit bei bestimmter Stromstärke und Frequenz das

Maximum der Erwärmung erzielt werde, so ergibt sich durch reine Rechnung, daß dies dann der Fall ist, wenn $\frac{1}{\omega C} = R$ ist, d. h. wenn der Leitungswiderstand dem kapazitiven Widerstand gleich ist. Da die Größe R von der spezifischen Leitfähigkeit $\varkappa$[1] der Lösung, die Größe $\frac{1}{\omega C}$ (der kapazitive Widerstand) von der Dielektrizitätskonstante ε abhängt, ergibt sich durch einfache Umrechnung aus $\frac{1}{\omega C} = R$ die Beziehung $\nu = \frac{2\varkappa}{\varepsilon}$ (dabei ist ν die Frequenz des Stromes). Haben wir also eine bestimmte Lösung, deren $\varkappa$ und ε bekannt sind, so kann man mit Hilfe der Formel sofort die Frequenz des Stromes angeben, der die Lösung relativ zu anderen Medien am meisten erwärmt.

ν und $\varkappa$ sind proportional, je größer ν ist, desto größer ist auch $\varkappa$ und umgekehrt. Da die Frequenz der Diathermieströme geringer ist als die der Kw.-Ströme, tritt auch das Maximum der Erwärmung bei geringeren Leitfähigkeiten, d. h. bei viel höheren Verdünnungen auf. Damit ist auch das Verhalten der Lösungen gegenüber den Diathermieströmen — wie es früher geschildert wurde — aufgeklärt.

Suspensionen. Die außerordentliche Bedeutung des eben dargelegten Gesetzes wollen wir uns an einem bestimmten Beispiel klarmachen. Stellen wir uns vor, wir hätten in einer Elektrolytlösung einen zweiten Elektrolyten in Tropfenform suspendiert, und zwar in einer solchen Weise, daß eine Mischung ausgeschlossen ist. Fließt ein Kurzwellenstrom durch ein solches Medium, so tritt je nach der Frequenz des Stromes eine mehr oder weniger starke Erwärmung der Tropfen oder des Suspensionsmittels auf. Es können, sofern die wichtigen Konstanten bekannt sind, die Frequenzen so gewählt werden, daß das eine Mal die Tropfen bezüglich der Wärmeaufnahme vorauseilen, das andere Mal aber zurückbleiben.

Suspensionen mit isolierenden Membranen. Nehmen wir nun an, daß jeder Tropfen von einer isolierenden Membran, etwa von

[1] Die spezifische Leitfähigkeit $\varkappa$ ist gleich dem reziproken Wert des spezifischen Widerstandes. Dieser ist gleich dem Widerstand, den ein Würfel des betreffenden Materiales mit einer Kantenlänge von 1 cm dem Stromdurchgang zwischen zwei gegenüberliegenden Flächen entgegensetzt.

einer Paraffinhaut, umgeben sei. Eine solche Schicht ist für den Gleichstrom überhaupt nicht, für den Diathermiestrom nur sehr schwer durchsetzbar, da ja in ihr kein Leitungsstrom fließen kann und die kapazitive Überbrückung wegen der noch zu niedrigen Frequenz kaum möglich ist. In diesem Falle müßte also der Stromfluß den Tropfen ausweichen, so daß primär in ihnen überhaupt keine Wärmebildung erfolgen und nur erst sekundär aus der Umgebung Wärme zugeführt würde. Den Kw.-Strömen bietet eine solche Membran keinen besonderen Widerstand. Es bereitet ihnen keine Schwierigkeit, die Membran kapazitiv, d. h. als Verschiebungsstrom zu durchsetzen und ihren Weg durch das Innere der Tropfen zu nehmen. Bei geeigneter Wahl der Frequenz kann trotz der isolierenden Membran noch immer eine selektive Erwärmung der Tropfen eintreten. Auch wenn wir den äußersten Fall betrachten, daß eine Elektrolytlösung in einem Isolator suspendiert ist, kann in einem Kw.-Feld eine beträchtliche Erwärmung des Elektrolyten auftreten. Man kann dies in eindrucksvoller Weise in folgendem Versuch zeigen. Eine Salzlösung wird in Paraffin emulgiert und sodann der Einwirkung eines *K*w.-Stromes ausgesetzt. Die Tropfen beginnen zu kochen, während die Temperatur der Emulsion noch recht weit vom Siedepunkt entfernt ist. Das Thermometer zeigt eben nur eine Durchschnittstemperatur an, einen Mittelwert der Temperaturen von Tropfen und Paraffin. Während das Paraffin sich fast gar nicht erwärmt hat, haben die Tropfen selektiv den Siedepunkt erreicht. Der Kw.-Strom durchsetzt das Paraffin als Verschiebungsstrom, gelangt in das Innere der Tropfen und bedingt daselbst die Erhitzung.

Die angeführten Beispiele reichen wohl aus, die Bedeutung der beiden Eigenschaften des Kw.-Stromes: Selektivität der Erwärmung und Durchsetzung von isolierenden Schichten ins rechte Licht zu setzen. Die sich daraus ergebenden Möglichkeiten hinsichtlich der Behandlung von Krankheiten werden noch im letzten Abschnitte Gegenstand unserer Betrachtung sein.

Der Aufbau der Apparate.

Die hochfrequenten Wechselströme werden in Form der Arsonvalisation, der Diathermie- und der Kw.-Behandlung therapeutisch verwendet. Die Frequenz der Diathermie- und Arsonvalisationsströme schwankt zwischen 10^5 und 10^6 Hertz, die Frequenz der Kw.-Ströme ist höher als $3{,}10^6$ Hertz. Da jeder Schwingungsvorgang mit einer Strahlung verbunden ist, kann man den Strom anstatt durch seine Frequenz auch durch die Wellenlänge der Strahlung charakterisieren. Entsprechend der Formel $\lambda\nu = \iota$ ergibt sich $\lambda = \frac{3 \cdot 10^8}{\nu}$ Meter. Demnach hat die Strahlung eines Diathermieapparates eine Wellenlänge von einigen hundert Metern, während den Kw.-Strömen eine Wellenlänge von weniger als 100 m zukommt.

An Hand einiger Schaltbilder wollen wir uns zunächst den Aufbau der wichtigsten Apparattypen klarmachen. Wir beginnen mit den Diathermieapparaten.

Zur Erzeugung der Schwingungen können sowohl Funkenstrecken als auch Elektronenröhren verwendet werden. Darnach unterscheidet man Funkenstrecken- und Röhrenapparate.

Diathermie-Funkenstreckenapparat. Abb. 27 zeigt das Schaltbild eines Funkenstreckenapparates. Im Transformator T wird der Wechselstrom des Netzes auf eine Spannung von 1500 bis 2000 Volt hinauftransformiert und sodann dem Schwingungskreis zugeleitet. Die hohe Spannung führt nach Aufladung des Kondensators zur Funkenbildung. Gleichzeitig läuft — wie wir aus früheren Darlegungen her wissen — eine gedämpfte Schwingungsfolge im Kreis ab. Nach kurzer Pause ist der Kondensator wieder aufgeladen, das Spiel beginnt von neuem. Demnach zerfällt der im Kreise fließende Strom in eine Aufeinanderfolge von durch Pausen getrennten, gedämpften Schwingungen. Die effektive Stromstärke, die durch ein Hitzdrahtinstrument gemessen werden kann, hängt ab von der Amplitude der Schwingungen und von der relativen Länge der Pausen. Je mehr Funken in der Zeiteinheit überspringen, desto geringer sind die schwingungsfreien Intervalle, desto höher ist die effektive Stromstärke. Während des Funkenüberganges erhitzt sich die Luft im Bereiche der Funkenstrecke und verliert ihre Isolationsfähigkeit. Dadurch

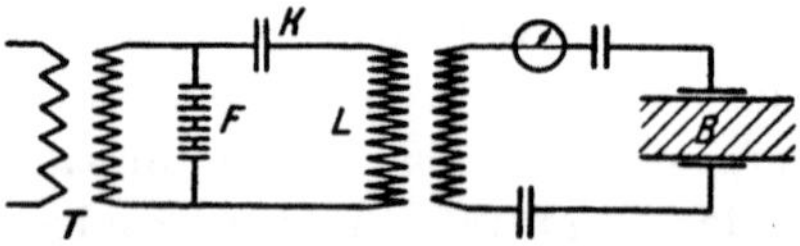

Abb. 27. Schaltbild eines Diathermie-Funkenstreckenapparates. T Transformator, F Funkenstrecke, K Kondensator, L Selbstinduktion, B behandelter Körperteil.

wird die Neuaufladung des Kondensators verzögert, das schwingungsfreie Intervall vergrößert. Um die Pausen möglichst kurz zu halten, verwendet man sogenannte Löschfunkenstrecken. Sie bestehen aus zwei einander auf ganz geringe Entfernung genäherten Metallplatten, die zur besseren Wärmeableitung mit Kühlrippen verbunden sind. In dem Schwingungskreis sind mehrere Funkenstrecken in Serie eingeschaltet. In solchen Schwingungskreisen beträgt die Anzahl der Funken in der Sekunde 10000 bis 50000. Mit dem eben beschriebenen Schwingungskreis ist der Patientenkreis induktiv gekoppelt. Er besteht in unserem Falle aus einer Induktionsspule, zwei Kondensatoren und einem Amperemeter. Die Stromstärke kann in verschiedener Weise reguliert werden, entweder durch Änderung der Kopplung oder durch Einschalten eines einfachen Leitungswiderstandes. Die Stromstärke im Behandlungskreis liegt im allgemeinen zwischen einigen Zehnteln und mehreren Amperen.

Diathermie-Röhrenapparat. Abb. 28 gibt das Schaltbild eines Diathermieapparates mit Verwendung einer Elektronenröhre. Wir erkennen unschwer eine Abart der bereits im Abschnitt: Ungedämpfte Schwingung und Elektronenröhre erörterten Schaltung. Ein solcher Apparat kann im Gegensatz zum Funkenstreckenapparat auch durch Gleichstrom betrieben werden. Durch den Schwingungsablauf im Kreise werden Wechselspannungen zwischen Gitter und Kathode induziert, die gerade zur richtigen Zeit eine Wiederaufladung des Kondensators und in dieser Weise einen Ersatz der Verluste ermöglichen. Dadurch wird ein anhaltender ungedämpfter Schwingungsablauf gewährleistet. Die Anordnung könnte auch mit Hilfe eines Wechselstromes betrieben werden, doch würde der Strom dabei nur zur Hälfte ausgenützt werden. Der Wechselstrom wird ja durch eine Stromquelle mit rhythmischem Polwechsel geliefert. Nur dann, wenn der positive Pol mit der Anode verbunden ist, liegt die Röhre richtig, die Verluste können ersetzt werden; ist jedoch der positive Pol mit der Kathode verbunden, dann wirkt die Röhre wie eine vollkommene Stromsperre, das System verhält sich so, als ob überhaupt keine Stromquelle vorhanden wäre.

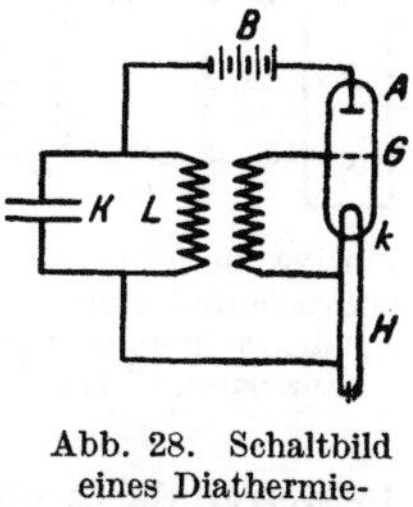

Abb. 28. Schaltbild eines Diathermie-Röhrenapparates. *B* Batterie, *A* Anode, *G* Gitter, *k* Kathode, *H* Heizstromquelle, *K* Kondensator und *L* Selbstinduktion des Schwingungskreises.

Der Behandlungskreis ist hier nicht eingezeichnet, man könnte ihn ebenso wie beim Funkenstreckenapparat induktiv koppeln. Diathermieapparate mit Elektronenröhren werden nur in den seltensten Fällen verwendet. Infolge des Anschaffungspreises und des Verschleißes der teuren Röhren verursacht ihr Betrieb höhere Kosten als die in jeder Hinsicht vollkommen befriedigenden Funkenstreckenapparate.

Die Frequenz des Stromes, der durch einen Funkenstreckenapparat erzeugt wird, kann durch einen einzigen Zahlenwert nicht angegeben werden. Vielmehr liefert der Apparat ein Gemisch von Strömen verschiedener Frequenz bzw. verschiedener Wellenlänge. Da eine selektive Erwärmung in diesem Frequenzbereiche keine Rolle spielt, wird auf die Auswahl einer scharf definierten Wellenlänge, die einem Röhrenapparat ohne Schwierigkeit entnommen werden könnte, kein Wert gelegt.

Arsonvalisationsapparat. Die in der Arsonvalisation verwendeten Ströme unterscheiden sich von den Diathermieströmen nicht durch die Frequenz, sondern durch die Werte der Stromstärke und Spannung. Die Stromstärke beträgt kaum ein Milliampere, dafür erreicht die Spannung eine Höhe von vielen tausend Volt. Ein solcher Strom kann erzeugt werden, indem man an einen Diathermieapparat einen Transformator anschließt, dessen Primärspule wenige Windungen, dessen Sekundärspule eine große Anzahl von Windungen enthält. Vielfach wird die Arsonvalisation auch mit Hilfe eines Induktors ausgeführt. Abb. 29 gibt ein Schaltbild eines solchen Apparates. Der Induktor ist nichts anderes als ein Transformator, in dessen Primärspule an Stelle eines Wechselstromes ein mit Hilfe eines Unterbrechers zerhackter Gleichstrom eingeleitet wird. In der Sekundärspule entsteht ein hochgespannter Wechselstrom, der einem Schwingungskreis mit Funkenstrecke zugeführt wird. Es kann nun der hochfrequente Wechselstrom dem Schwingungskreis unmittelbar entnommen und zu therapeutischen Zwecken verwendet werden. Es wäre dies nichts anderes als eine primitive Diathermie mit ganz unzulänglichen Stromstärken. Oder aber — und diese An-

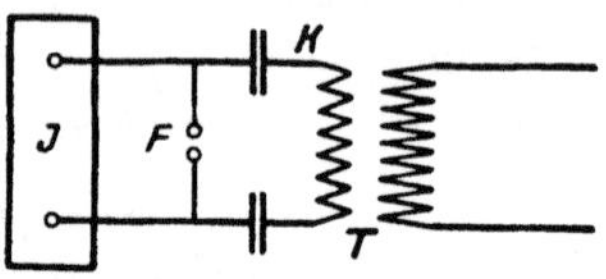

Abb. 29. Schaltbild eines Arsonvalisationsapparates mit Funkeninduktor. *J* Induktor, *F* Funkenstrecke, *K* Kondensator, *T* Transformator.

wendungsform ist die wichtigere — der hochfrequente Wechselstrom wird nochmals mit Hilfe eines Transformators auf eine außerordentlich hohe Spannung hinauftransformiert und in dieser Form therapeutisch nutzbar gemacht.

Kurzwellen-Funkenstreckenapparat. Auch die Kw.-Apparate können mit Hilfe einer Funkenstrecke oder einer Röhre betrieben werden. Abb. 30 zeigt das Schaltbild eines Funkenstreckenapparates. Auch hier wird im Transformator der Strom des Netzes auf eine höhere Spannung gebracht und sodann dem Schwingungskreis zugeleitet, der in diesem Falle aus zwei Kondensatoren, einem einfachen Drahtbügel als Selbstinduktion und einer Funkenstrecke besteht. Zwischen Transformator und Schwingungskreis liegen Drosselspulen, die für den hochfrequenten Kw.-Strom des Schwingungskreises einen sehr hohen Widerstand darstellen und ein Abfließen des Kw.-Stromes gegen den Transformator zu verhindern, für den niederfrequenten Strom des Transformators sind sie dagegen ohne weiteres passierbar. Der Behandlungskreis ist nicht wie beim Diathermieapparat induktiv, sondern galvanisch angeschlossen, die Zuleitungen zu den Behandlungselektroden sind mit dem Induktionsbügel in leitender Verbindung. In der Abbildung ist der Abgriff der unteren Zuleitung verstellbar. Durch Drehung des Metallstabes *S* kann von einem beliebig großen Stück des Induktionsbügels abgegriffen werden. Dadurch erfolgt im wesentlichen die Regulierung der Stromstärke.

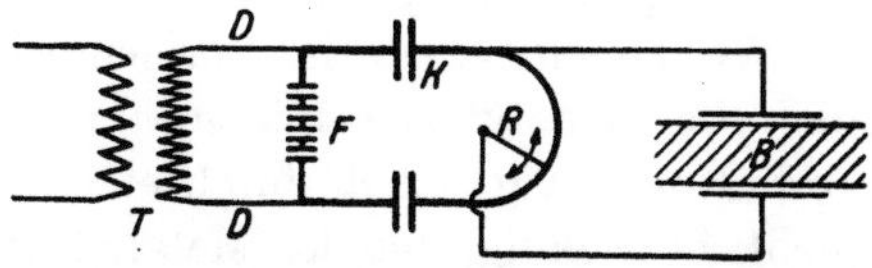

Abb. 30. Schaltbild eines Kurzwellen-Funkenstreckenapparates. *T* Transformator, *D* Drosseln, *F* Funkenstrecke, *K* Kondensator, *R* verstellbarer Abgriff, *B* behandelter Körperteil.

Mit Hilfe einer solchen Schaltung ist es ohne weiteres möglich, Kw.-Ströme von einigen Metern Wellenlänge zu erzeugen. Die Funkenstreckenapparate liefern jedoch nicht eine einzige, scharf definierte Wellenlänge, sondern noch ein breites Frequenzband, d. h. ein Gemisch von verschiedenen frequenten Strömen dazu. Mit Rücksicht auf die dadurch bedingte Schwächung selektiver Wärmewirkung ist diese Eigenschaft sicherlich von Bedeutung. Die enge galvanische Kopplung des Behandlungskreises mit dem erzeugenden Schwingungskreis ermöglicht zwar eine recht gute

Energieübertragung, hat aber eine starke Abhängigkeit der Kreise voneinander zur Folge. Ändert man den Behandlungskreis in irgendeiner Weise, etwa durch Nähern oder Entfernen der Elektroden, so ändert sich damit auch die Eigenfrequenz des ganzen Systems, mit anderen Worten: die Wellenlänge des erzeugten Kw.-Stromes hängt wesentlich von der Einstellung des Behandlungskreises ab. Würde man den Behandlungskreis loser koppeln, etwa in induktiver Form, dann würde diese störende Rückwirkung zwar nicht eintreten, aber die Leistung im Behandlungskreis wäre beträchtlich geringer. (Je loser die Kopplung, desto schlechter die Energieübertragung.)

Wir haben bereits im vorigen Abschnitt darauf hingewiesen, daß die Kw.-Ströme infolge ihrer hohen Frequenz Isolatoren verhältnismäßig leicht durchsetzen. Aus diesem Grunde ist es nicht notwendig, blanke Metallelektroden unmittelbar auf den zu behandelnden Körperteil zu legen, es kann vielmehr eine isolierende Schicht dazwischengelegt werden, etwa eine Gummilage oder eine Luftschicht. Von der Beschaffenheit der isolierenden Schicht hängt — wie später noch genauer ausgeführt werden soll — die Tiefenwirkung ab. Versucht man bei Benützung eines Funkenstreckenapparates mit Luftabstand zu behandeln, so zeigt es sich, daß die Leistung des Apparates praktisch gleich Null wird.

Fassen wir nochmals zusammen, so ergibt sich, daß die Wahl einer scharf definierten Wellenlänge bei Verwendung eines Funkenstreckenapparates kaum möglich ist und daß bei Einschaltung einer breiteren Luftzwischenschicht die Leistung des Apparates ganz gering wird.

Kurzwellen-Röhrenapparat. Verringert man im Schaltbild des Diathermie-Röhrenapparates die Kapazität und Selbstinduktion des Schwingungskreises, so kommt es zu einer Zunahme der Frequenz bzw. zu einer Abnahme der Wellenlänge. Nun bilden die einzelnen Teile der Röhre, etwa Anode und Gitter, miteinander ebenfalls Kondensatoren von geringer Kapazität. Es liegt der Gedanke nahe, diese Kapazität unmittelbar für den Schwingungskreis auszunützen. Wie dies ausgeführt werden kann, zeigt Abb. 31. Der Schwingungskreis enthält als Kondensatorbelegungen das Gitter und die Anode, als Selbstinduktion einen einfachen Drahtbügel. Der Kondensator K_2 hat auf die Eigenfrequenz des

Schwingungskreises kaum einen Einfluß, da er eine verhältnismäßig große Kapazität besitzt und mit der zuerst genannten Kapazität hintereinandergeschaltet ist. (Bei Hintereinanderschaltung ist vor allem die kleinere Kapazität bestimmend.) Er hat vielmehr die Aufgabe, das Eindringen des Anodenstromes in das Gitter zu verhindern. Vom Gitter führt ein außerordentlich hoher Widerstand zur Kathodenzuleitung. Sowohl in der Zuleitung des Anodenstromes als auch des Heizstromes sind Drosseln eingelegt, die so dimensioniert sein müssen, daß sie für den Kw.-Strom einen sehr hohen Widerstand darstellen, so daß der Kw.-Strom aus dem Schwingungskreis nicht abfließen kann. An Stelle von einfachen Drosselspulen kann man auch Sperrkreise verwenden, d. h. Systeme aus parallelgeschalteter Kapazität und Selbstinduktion. Ein solches Gebilde stellt bei geeigneten Abmessungen für einen Strom bestimmter Frequenz einen außerordentlich hohen Widerstand dar.

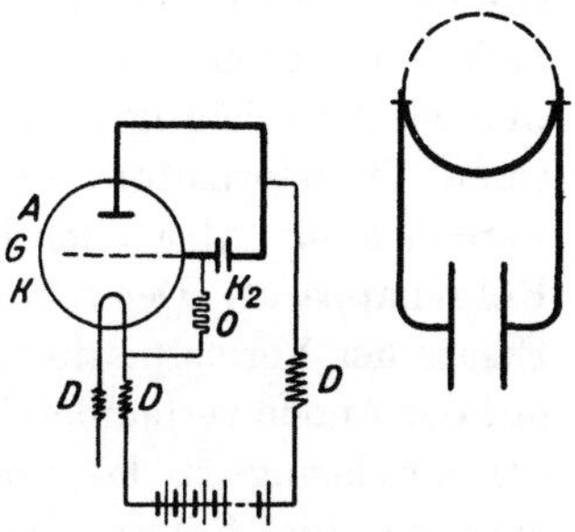

Abb. 31. Schaltbild eines Kurzwellen-Röhrenapparates. *A* Anode, *G* Gitter, *K* Kathode, K_2 Kondensator, *O* Gitterableitungswiderstand, *D* Drosseln.

Die Arbeitsweise eines solcherart aufgebauten Apparates ist leicht zu überblicken. Anode und Gitter laden sich während des Ablaufes der Schwingungen abwechselnd positiv und negativ gegeneinander auf. Ohne Ersatz der Verluste würde das Ausmaß der Aufladung immer geringer werden, die Schwingung würde nach kurzer Zeit erlöschen. Es kommt also genau wie bei den früher beschriebenen Röhrenschaltungen darauf an, daß zur richtigen Zeit die Verluste ersetzt werden, d. h. zusätzliche Aufladungen erfolgen. Die wechselnde Aufladung des Gitters bestimmt die Stärke des Anodenstromes. Erreicht etwa das Gitter den Höhepunkt seiner positiven Aufladung, dann gelangen die meisten Elektronen zur Anode. Da diese die zweite Belegung des Kondensators bildet, muß sie in diesem Zeitpunkte relativ zum Gitter negativ geladen sein. Die auftreffenden Elektronen erhöhen das Ausmaß der negativen Aufladung. Anderseits ist der Anodenstrom am schwächsten, wenn nach Ablauf einer halben Schwingung das Gitter das Maximum seiner negativen Aufladung erreicht. Die Anordnung ähnelt in gewisser Weise der mechanischen Reguliervorrichtung in Abschnitt VI. Der Öffnung und Schließung des Kontaktes entspricht die wechselnde Aufladung des Gitters. Ein kleiner Teil der Elektronen bleibt im Gitter hängen und muß von dort abtransportiert werden, da sich sonst das Gitter immer mehr aufladen würde. Das geschieht durch den Ableitungswiderstand, der in der Zeiteinheit gerade soviel Elektronen abströmen läßt, als im Gitter aufgefangen werden.

Die Anordnung kann mit Hilfe einer Gleichstromquelle betrieben werden. Da die Beschaffung eines Gleichstromes von mehreren tausend Volt Spannung nicht ganz einfach ist, verwendet man häufiger Wechselstrom, der allerdings erst durch einen Transformator auf die erforderliche Spannung gebracht werden muß. Aber auch hier gilt dasselbe wie beim Diathermie-Röhrenapparat. Der Strom wird nur zur Hälfte ausgenützt. Der Ersatz der Verluste erfolgt eben nur dann, wenn der positive Pol mit der Anode verbunden ist, während der Dauer der umgekehrten Stromrichtung ist das Vorhandensein der Stromquelle ohne Bedeutung, die Röhre arbeitet nicht. Um den hochgespannten Wechselstrom voll ausnützen zu können, ist es notwendig, zwei Röhren in sogenannter Gegentaktschaltung zu verwenden. Dabei sind die Röhren so angeordnet, daß jede während einer halben Phase des Wechselstromes arbeitet. Beide unterhalten einen ungedämpften Schwingungsvorgang in ein und demselben Schwingungskreis.

Der Behandlungskreis ist induktiv angekoppelt. Er besteht im einfachsten Falle bloß aus einem Induktionsbügel und einem Plattenkondensator. Der zu durchwärmende Gegenstand wird einfach in das Kondensatorfeld gebracht. Durch Nähern oder Entfernen der Platten kann der Luftabstand in beliebiger Weise eingestellt werden. Dabei ändert sich natürlich auch die Kapazität des Behandlungskreises und infolgedessen seine Eigenfrequenz. Die Leistung hängt nun wesentlich von der Verschiedenheit der Eigenfrequenzwerte des Sender- und Behandlungskreises ab. Sind die Werte einander gleich, besteht also Resonanz, dann ist die Energieübertragung am allerbesten. Da die Kapazität im Behandlungskreis bestimmt wird durch die Ausmaße des Behandlungsgegenstandes, durch die Größe der Elektroden und durch den Luftabstand, muß der Induktionsbügel verstellbar gemacht werden, um auch bei verschiedenen Werten der Kapazität Resonanz erzielen zu können.

Die Energieübertragung ist aber auch um so besser, je näher die beiden Kreise zueinander stehen. Die engere Kopplung bringt aber den Nachteil mit sich, daß auch das Behandlungsobjekt der Röhre und der Hochspannung führenden Teilen allzusehr genähert wird. Es ergibt sich daher die Forderung, die Kreise zwar nahe zueinander zu stellen, die Behandlung selbst aber in einiger Entfernung vorzunehmen. Dies ist offenbar nur mit Hilfe einer Energieleitung zu bewerkstelligen. Hierfür eignet sich ein Lechersystem wegen seiner geringen Verluste durch Strahlung sehr gut. Der Behandlungskreis besteht dann aus dem Induktionsbügel, der Lecherleitung und dem Kondensator, in dessen Feld die Behandlung vorgenommen wird. Die Änderung der Eigenfrequenz kann natürlich statt durch Verstellung des Induktionsbügels auch durch einen zweiten, parallel gelegten, verstellbaren Kondensator oder durch verstellbare Selbstinduktionen in den Zuleitungen erfolgen. Abb. 32 zeigt den Behandlungskreis in seiner endgültigen Ausführung.

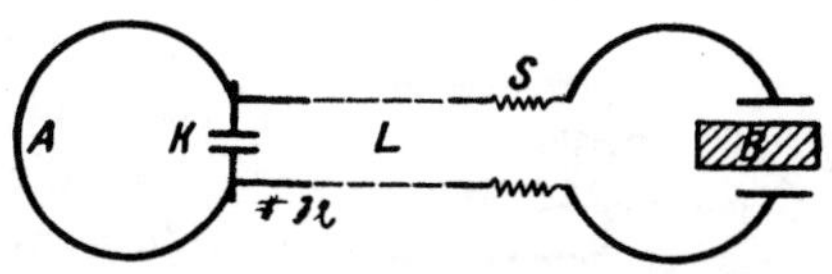

Abb. 32. Schaltbild des Behandlungskreises. *A* Induktionsbügel, *K* Kondensator, *L* Lecherdrähte, *S* verstellbare Selbstinduktion, *B* behandelter Körperteil.

Ein Röhrenapparat läßt sich leicht auf die Erzeugung eines Stromes von bestimmter Frequenz einstellen, ohne daß gleichzeitig wie beim Funkenstreckenapparat ein Wellenband begleitender Ströme mit abgegeben wird. Auch ist die einmal eingestellte Wellenlänge wegen der verhältnismäßig losen induktiven Kopplung weitgehend unabhängig von der Einstellung des Behandlungskreises. Weiterhin ist es wegen der höheren Leistung der Röhrenapparate auch möglich, im Kondensatorfeld, d. h. mit Luftwiderständen zu arbeiten, was — wie später noch ausführlich dargelegt werden soll — mit einer Verbesserung der Tiefenwirkung verbunden ist.

Behandlungstechnik.

Neben der Frequenz, der Stärke und der Spannung des Stromes ist die Form und Größe der Elektroden, sowie die Art ihrer Anlegung für die Wirkung wesentlich. Im folgenden wollen wir uns mit den Einzelheiten der Behandlungstechnik näher befassen.

Diathermiebehandlung. Die Technik der Diathermiebehandlung ist eine recht einfache. Die Stromzuführung erfolgt in der Weise, daß metallische Elektroden unmittelbar an den zu behandelnden Körperteil angelegt werden. Für die Ausbreitung des Stromes gelten im wesentlichen dieselben Gesetze wie für den Gleichstrom, er folgt den Wegen des geringsten Leitungswiderstandes. Die Leitfähigkeit der Gewebe des menschlichen Körpers ist sehr verschieden, das subkutane Fett leitet sehr gut, der Knochen dagegen sehr schlecht. Versucht man beispielsweise eine Diathermie des Gehirns auszuführen, so läuft der Hauptteil des Stromes um die Kopfschwarte herum, da dieser Weg trotz seiner größeren Länge wegen der besseren Leitungsfähigkeit der Kopfschwarte einen geringeren Widerstand bietet. Das Auseinanderweichen der Stromlinien wird durch Widerstandsverhältnisse der geschilderten Art sehr gefördert, aber auch in einem völlig homogenen Medium erfolgt noch immer eine genügend große Streuung, die nicht vernachlässigt werden darf. Daraus folgt, daß die Stellen, an denen die Elektroden anliegen, sich stärker erwärmen als die tiefer gelegenen Schichten (Abb. 33).

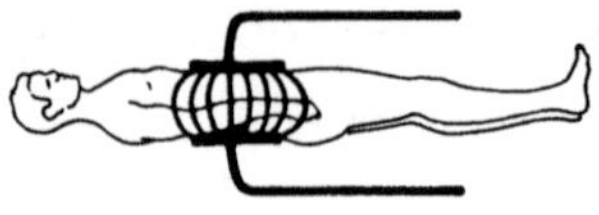

Abb. 33. Stromlinien bei der Diathermiebehandlung.

Wärmeverteilung. Die Erwärmung einzelner Stellen im Bereiche des Stromflusses hängt von einer Reihe von Umständen ab. Die Näherungsformel $J^2 R \,.\, 0{,}24$ cal. für die Wärmebildung in der Sekunde zeigt, daß es auf die Stromstärke und auf den Widerstand an der betreffenden Stelle ankommt. Der Widerstand R ist eine an den Ort gebundene charakteristische Größe, die Verhältnisse in der Umgebung sind dabei ohne Bedeutung. Die Stromstärke J hängt aber weitgehend von den Widerstandsverhältnissen im ganzen durchflossenen Gebiet ab. Schichten von hohem Widerstand, die zwischen der betrachteten Stelle und den Elektroden liegen, also gewissermaßen in Serie geschaltet sind, drücken selbstverständlich den Gesamtwert der Stromstärke herab. Aber auch die Widerstände der seitlich gelegenen Teile sind von Wichtigkeit, bilden sie doch parallelgeschaltete Wege. Ist ihr Widerstand geringer, dann werden sich die Stromlinien in ihnen zusammendrängen, ist er dagegen größer, dann wird das Umgekehrte eintreten. Es ist daher nicht leicht, über die in Wirklichkeit bestehende Wärmeverteilung ein genaues Bild zu gewinnen. Die Sachlage ist aber noch viel verwickelter, da ja ständig sowohl durch Wärmeleitung zwischen den Geweben als auch durch die Kühlwirkung des Blutstromes ein Wärmeausgleich erfolgt. Trotz aller dieser Schwierigkeiten verfügt die Lehre von der Diathermiebehandlung über eine Reihe von empirisch gefundenen Regeln, die eine erfolgreiche Behandlung verschiedener Krankheitsformen ermöglichen. Jede Regel gibt die Größe und Anzahl der Platten an, die an bestimmten Körperstellen angelegt werden sollen, und enthält weitere Vorschriften bezüglich der Gesamtstromstärke und der Dauer der Behandlung. Diese Art der Beschreibung ist für die Praxis vollständig ausreichend. Jeder Arzt, der die Regeln kennt, ist imstande, eine Diathermiebehandlung in technisch einwandfreier Weise durchzuführen.

Arsonvalisation. Die in der Arsonvalisation verwendeten Ströme unterscheiden sich von den Diathermieströmen durch ihre bedeutend höhere Spannung (viele tausend Volt) und durch ihre geringe Stromstärke (weniger als ein Milliampere). Eine häufig angewendete Behandlungsart ist die folgende: Ein Ende der Spannungsquelle wird geerdet, das andere Ende wird mit einer Metallkugel oder mit einem Metallstift, der in ein evakuiertes Glasgefäß ragt, verbunden. Nähert man die Elektrode dem Behandlungsobjekt, etwa dem menschlichen Körper, so tritt Funkenbildung auf, da ja die Spannung sehr hoch ist. Bei der Vakuumelektrode findet außerdem eine elektrische Entladung im verdünnten Gase statt, die von einem Glimmlichte begleitet ist.

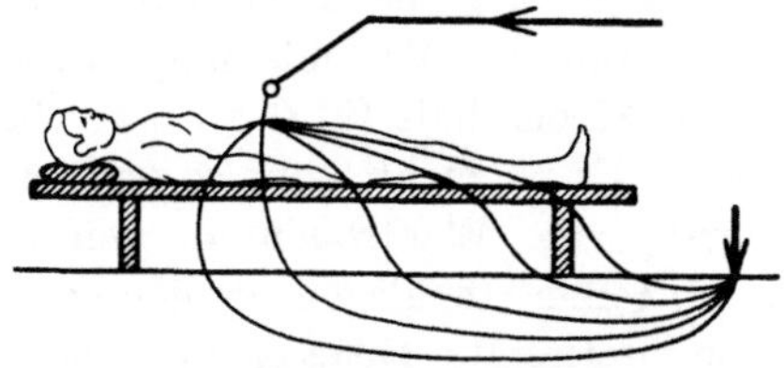
Abb. 34. Stromlinien bei der Arsonvalisation.

Der Strom fließt von der Behandlungselektrode durch den Körper zur Erde, wobei er gegebenenfalls Isolatoren kapazitiv durchsetzt, und sodann zum anderen Ende der Stromquelle (Abb. 34). Daß dabei die Stromlinien weit auseinanderlaufen, ist ohne weiteres einzusehen. Nur an der Stelle, wo der Funkenschlag den Körper trifft, werden sie konzentriert. An dieser

Stelle kommt es infolgedessen zu einer ganz geringfügigen punktförmigen Koagulation der Epidermis. Subjektiv wird während der Behandlung ein eigentümliches leichtes Stechen empfunden. Die therapeutische Wirkung ist allem Anschein nach eine Folge des Hautreizes, möglicherweise wirkt die hochfrequente Durchströmung des ganzen Körpers unterstützend.

Eine zweite Behandlungsform ist heute beinahe völlig verlassen. Man bringt den ganzen Patienten in eine große Drahtspirale, durch die ein hochgespannter und hochfrequenter Wechselstrom geleitet wird. Der Patient befindet sich in einem magnetischen Wechselfeld, ohne allerdings von dessen Vorhandensein auch nur das geringste zu verspüren.

Eine exakte Dosierung ist in der Arsonvalisation nicht üblich, bei Verwendung der Funkenbehandlung ist das subjektive Gefühl des Patienten maßgebend. Da die Behandlung im Käfig wirkungslos zu sein scheint, ist auch die Stärke des Stromes von keiner Bedeutung.

Kurzwellenbehandlung. Schon früher haben wir darauf hingewiesen, daß die Kw.-Ströme infolge ihrer hohen Frequenz Isolatoren als Verschiebungsströme zu durchsetzen vermögen. Diese Eigenschaft führt zu einer bemerkenswerten Anwendungsform. Es ist nicht mehr so wie bei den Diathermieströmen notwendig, die Elektroden an den zu behandelnden Körperteilen unmittelbar anzulegen, es genügt vielmehr vollkommen, sie auf eine bestimmte Distanz zu nähern, so daß eine Luftzwischenschicht bestehen bleibt. Die beiden Elektroden bilden dann einen Kondensator, das Objekt befindet sich frei im Kondensatorfeld. Aus diesem Grunde nennt man diese Behandlungsform Kondensatorfeldbehandlung (nach Schliephake). Als Vorteil dieser Anwendungsart gegenüber der unmittelbaren Anlegung blanker Metallelektroden (die natürlich auch für Kw.-Ströme möglich ist) wird die Homogenität der Erwärmung, d. h. die gute Tiefenwirkung angeführt. Zu diesem Punkte wird weiter unten noch ausführlich Stellung genommen werden.

An Stelle der Luftzwischenschicht kann natürlich auch beliebiges anderes Isolationsmaterial verwendet werden. Am häufigsten nimmt man Gummilagen von einigen Millimetern Dicke. Auch in diesem Falle liegt selbstverständlich ein Kondensatorfeld vor. Da aber die Elektroden in ähnlicher Weise angelegt werden wie bei der Diathermiebehandlung, heißt diese Behandlungsart Kurzwellendiathermie. Diese Bezeichnung ist sehr unzweckmäßig gewählt, denn bei jeder Kw.-Behandlung handelt es sich ja um eine Erwärmung, also um eine Diathermie. Zur genaueren Bezeichnung der Technik wäre es wohl am besten, eine Kw.-Behandlung mit Luftdielektrikum (nach Schliephake), mit Gummidielektrikum und ohne irgendeine Zwischenschicht, mithin mit Anlegung blanker Metallelektroden zu unterscheiden.

Wärmeverteilung. Die Aussage, daß die Erwärmung im Kondensatorfeld homogen sei, trifft nur unter ganz bestimmten Voraussetzungen zu. Es hängt vollkommen von der Anordnung im Einzelfall ab, ob an allen Punkten des Körpers dieselbe Wärmemenge entsteht oder ob sich bestimmte Anteile relativ mehr oder weniger erwärmen. Die folgenden Ausführungen sollen zeigen, wie verwickelt die Dinge sind.

Bringt man einen großen, homogenen Körper in das Kondensatorfeld eines Kw.-Apparates, wobei als Elektroden parallelgestellte, ebene Platten von gleicher Größe verwendet werden, so ist die Erwärmung nur dann homogen, wenn der Abstand der Elektroden vom Körper genügend groß ist. Rückt man mit den Elektroden näher heran, so zeigt sich die sonderbare Tatsache, daß die Erwärmung inhomogen wird. Es erwärmen sich die den Platten zugewendeten Anteile stärker als die Mitte des Körpers. In diesem Falle ist die Tiefenwirkung sogar schlechter als bei Verwendung eines Diathermiestromes. Legt man schließlich die Elektroden unmittelbar an den Körper an, dann wird die Tiefenwirkung zwar besser, sie bleibt aber hinter der Wirkung des Kondensatorfeldes mit genügend großem Luftabstand zurück.

Abgesehen von dem Abstand hängt die Tiefenwirkung auch von der Form der Elektroden ab. Es ist ja klar, daß beispielsweise die Anwendung einer kleinen Platte auf der einen Seite, die Anwendung einer großen Platte auf der anderen Seite zu einer Verzerrung des Feldes in dem Sinne führen muß, daß es zu einer Konzentration der Stromlinien in dem Anteile kommt, der der kleinen Elektrode zugewendet ist. Infolgedessen erfolgt auf dieser Seite eine relativ starke Erwärmung der Oberfläche.

Aber auch die Größe und Form des Objektes ist von Bedeutung. Bringen wir einen zylindrischen Körper so in das Kondensatorfeld, daß seine Kreisflächen gleich großen Kondensatorplatten gegenüberstehen, dann ist die Erwärmung homogen. Es macht nichts aus, ob man mit großem oder kleinem Luftabstand arbeitet oder ob man schließlich die Elektroden unmittelbar an das Objekt legt. Bringt man ein plattenförmiges Objekt in das Feld, so daß seine Schmalseiten den Elektroden zugewendet sind, dann tritt die stärkste Erwärmung nicht am Rande, sondern in der Mitte auf. Man kann diese Tatsache dadurch verständlich machen, daß man eine Feldverzerrung im Sinne der Abb. 35 annimmt.

Abb. 35. Zusammenziehung der Stromlinien im Kondensatorfeld.

Nicht alle der geschilderten Effekte sind einer einfachen Erklärung zugänglich. So ist zum Beispiel die Frage, warum bei Annäherung der Elektroden die Erwärmung ungleichmäßig wird, noch immer nicht in befriedigender Weise gelöst.

Ist schon die Wärmeverteilung in einem homogenen Medium nicht leicht zu überblicken, so steigen die Schwierigkeiten noch beträchtlich, wenn man es mit einem inhomogenen Medium zu tun hat. Dann spielt außerdem die selektive Erwärmung in Abhängigkeit von der Wellenlänge eine wichtige Rolle. Die grundsätzliche Bedeutung dieser Tatsache wollen wir uns an einem einfachen Beispiel klarmachen. Wir nehmen einen zylindrischen Gegenstand, der aus zwei geschichteten Medien besteht (Abb. 36). Das innere Medium möge sich bei einer Wellenlänge von 3 m, das äußere bei einer Wellenlänge von 6 m stärker erwärmen. Wir bringen den Zylinder in ein Kondensatorfeld und lassen zunächst einen Kw.-Strom mit einer Wellenlänge von 6 m in bestimmter Stärke eine gewisse Zeit lang einwirken. Die Messung der Erwärmung ergibt in beiden Medien bestimmte Werte. Lassen wir die Anordnung unverändert und wiederholen wir den Versuch bei einer Wellenlänge von 3 m, so zeigt es sich, daß die gleiche Wärmeverteilung unter gar keinen Umständen zu erreichen ist. Um in der gleichen Zeit dieselbe Erwärmung im äußeren Medium zu erzielen, müßte die Stromstärke erhöht werden, denn nach Voraussetzung ist eine Wellenlänge von 3 m zur Erwärmung der

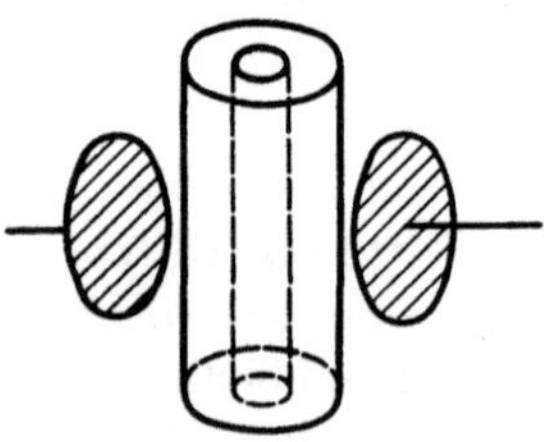

Abb. 36. Aus verschiedenen Schichten bestehender Zylinder im Kondensatorfeld.

äußeren Schicht weniger geeignet, dann erwärmt sich aber die innere Schicht bedeutend stärker, da die Stromstärke gewachsen ist und der Strom außerdem die optimale Wellenlänge hat.

Bei einem derart inhomogenen Medium, wie es der menschliche Körper ist, wird das Bild der Wärmeverteilung vollends unübersichtlich. Betrachten wir beispielsweise ein Kniegelenk, so haben wir, um nur die wichtigsten Schichten zu nennen, Epidermis, Lederhaut, subkutanes Fett, Faszie, Muskulatur, Periost, Knochen. Jedes Gewebe besteht selbst wieder aus vollkommen ungleichartigen Bestandteilen. In allen Schichten ist das dichtmaschige Netz der Blutgefäße eingelagert, deren Inhalt, das Blut, sich wiederum anders verhält als die erwähnten Gewebsschichten.

Wir wollen uns an dieser Stelle damit begnügen, die Fülle der Probleme aufzuzeigen. Das Grundsätzliche, für die praktische Anwendung Wichtige sei jedoch nochmals hervorgehoben: Die Wärmeverteilung in einem inhomogenen Medium kann sowohl durch die Anordnung der Elektroden als auch durch die Wahl der Wellenlänge wesentlich beeinflußt werden. In der bewußten Ausnützung aller dieser Möglichkeiten liegt die Überlegenheit der Kw.-Behandlung gegenüber allen Arten der Wärmetherapie.

Dosierung. Überlegungen dieser Art leiten uns ganz von selbst zu der außerordentlich wichtigen Frage: Wie werden die Kw.-Ströme dosiert? Es ist einzusehen, daß ebenso wie in allen anderen Gebieten der Medizin die Behandlung mit Kw.-Strömen je nach ihrer Stärke verschiedene Wirkung hat. Sehr starke Felder führen zur Zerstörung des Gewebes durch Koagulation, während Felder, deren Stärke unterhalb einer gewissen Grenze liegt, ganz wirkungslos sind. Dazwischen liegt aber eine breite Zone, innerhalb welcher die Kw.-Ströme auf irgendeinen Prozeß entweder einen fördernden oder einen hemmenden Einfluß ausüben können.

Ob der Kw.-Strom nur durch Wärmebildung oder noch in anderer Weise auf den Organismus einwirkt, ist derzeit nicht entschieden. Jedenfalls kann als Maß nur die auftretende Wärmebildung dienen. Um Erfahrungen sammeln zu können, ist es notwendig, die Versuchsbedingungen genau aufzuzeichnen. Derzeit tut man dies jedoch nur bezüglich der Wellenlänge, bezüglich der Stärke werden nur ganz ungenaue Angaben gemacht. Man spricht z. B. von schwachen und starken Feldern, wobei man sich hauptsächlich auf das subjektive Empfinden des Patienten oder auf den Ausschlag eines in irgendeiner Weise angekoppelten Amperemeters stützt. Daß Angaben dieser Art kaum geeignet sind, die Grundlage verwertbarer Erfahrungen abzugeben, liegt auf der Hand. In jeder Beschreibung müßte unbedingt neben der Wellenlänge, Größe, Form und Abstand der Elektroden ein objektives Maß der Stärke des Feldes enthalten sein.

Obgleich auch dann die genaue Wärmeverteilung nicht bekannt wäre, würde doch die Möglichkeit bestehen, bestimmte Versuchsanordnungen genau wiederherzustellen und auf diese Weise Angaben über therapeutische Erfolge zu überprüfen. Es würden dann ähnliche Verhältnisse bestehen wie bei der Diathermiebehandlung, wo man in dieser Art das Auslangen findet, ohne in jedem besonderen Falle ein genaues Bild der Wärmeverteilung zu besitzen.

Daß aber auch diese — man möchte sagen selbstverständlichen — Forderungen bisher nicht erfüllt wurden, hat seinen Grund in gewissen Eigentümlichkeiten der Kw.-Ströme. Man könnte ja zunächst versuchen, das Feld in ähnlicher Weise zu charakterisieren wie bei der Diathermie, d. h. neben der Beschreibung der Elektroden die verwendete Stromstärke anzugeben. Ein einfaches Hitzdrahtamperemeter zeigt jedoch nicht mehr den richtigen Wert an. Ein nicht leicht abzuschätzender Anteil des Stromes nimmt nämlich kapazitive Nebenwege. Um diese Fehler auszuschalten, müßte das Instrument für jede Wellenlänge besonders geeicht werden.

Zum Unterschied von den Diathermieströmen ergibt sich hier aber eine Frage ganz anderer Art. An welcher Stelle des Kreises ist das Instrument anzubringen? Im Diathermieschwingungskreis ist es ziemlich gleichgültig, ob das Instrument in der Nähe der Spule oder des Kondensators sich befindet; im Kw.-Stromkreis ist jedoch die Stellung des Instrumentes von höchster Wichtigkeit, da der Strom nicht mehr quasistationär ist. Ein Hitzdrahtamperemeter zeigt an jeder Stelle des Schwingungskreises einen anderen Wert, es ist daher zur Charakterisierung des Kondensatorfeldes nicht geeignet.

Eine bessere Methode der Messung des Kondensatorfeldes besteht in der Einschaltung dünner Flüssigkeitsschichten zwischen Elektroden und Behandlungsobjekt. Die Erwärmung der Flüssigkeit gibt ein Maß für die Stärke des Feldes.

Die beste Art der Dosierung wäre durch Messung der in dem Kreise abgegebenen Leistung gegeben. Sie ist gleich der von dem behandelten Gegenstande aufgenommenen Wärmemenge plus der vom Kreise ausgesendeten Strahlung. Es ist einzusehen, daß die zuletzt genannte Energie von den Dimensionen des Schwingungskreises abhängt. Je größer der Luftabstand der Elektroden vom Körper ist, je offener also der Schwingungskreis ist, um so mehr tritt der Leistungsverlust durch Strahlung in Erscheinung. Immerhin könnte durch die Maßzahl der abgegebenen Leistung und durch Angabe der Kondensatorplattengröße sowie des Plattenabstandes vom Objekte die vorgenommene Behandlungsart mit genügender Genauigkeit beschrieben werden.

In der Kurzwellentherapie wird in naher Zukunft eine genaue Dosierung nicht mehr zu umgehen sein. Wir haben schon früher ausdrücklich darauf hingewiesen, daß der Kw.-Strom bestimmte in einem Medium befindliche kleinste Teilchen selektiv erwärmen kann, sofern die geeignete Wellenlänge gewählt wird. Bakterienkulturen, die man in das Kondensatorfeld bringt, zeigen bei gleicher Erwärmung des Nährbodens eine ausgesprochene Wellenlängenempfindlichkeit. Es ist wahrscheinlich, daß die selektive Empfindlichkeit gegenüber einer bestimmten Wellenlänge auf einer örtlichen Überhitzung innerhalb des Bakterienleibes beruht, die zur Zerstörung gewisser lebensnotwendiger Teile führt. Nehmen wir nun an, es sei irgendein Gewebe des menschlichen Körpers von Bakterien durchsetzt, so kann daran gedacht werden, durch selektive Überhitzung die Keime zu vernichten. Dazu ist aber außer einer bestimmten Wellenlänge noch eine bestimmte Stärke des Feldes sowie eine bestimmte Dauer der Einwirkung notwendig. Der Wirkung des Feldes wird durch einen andauernd stattfindenden Wärmeausgleich zwischen Bakterien und Gewebe entgegengearbeitet. Lassen wir einen schwachen Strom längere Zeit einwirken, so wird der Wärmeausgleich, der ja wesentlich von der Zeit abhängt, hinreichend sein, um die Bakterien vor allzu großer Überhitzung zu bewahren. Lassen wir aber ein sehr starkes Feld ganz kurze Zeit einwirken, so wird eine bedeutend größere lokale Überhitzung erzielt werden, da eine größere Temperaturdifferenz in kürzerer Zeit nicht ausgeglichen werden kann. Es liegt aus diesem Grunde der Gedanke nahe, sehr starke Felder stoßweise einwirken zu lassen, dabei müßte aber peinlich darauf geachtet werden, daß bei dieser sicherlich sehr eingreifenden Behandlungsform nicht auch das Gewebe geschädigt würde. Das würde offenbar nur dann gelingen, wenn eine ganz bestimmte Dosierungsvorschrift eingehalten würde. Daß derzeit, obwohl an zahlreichen Stellen ein großes Patientenmaterial behandelt wird, nur ganz vereinzelt Schädigungen beobachtet wurden, liegt daran, daß im allgemeinen schwache Felder verwendet werden. Zweifellos wird bei bewußter Anwendung maximaler Dosen das Gefahrenmoment steigen.

Einpolige Kurzwellenbehandlung. Vielfach werden Kw.-Behandlungen auch in der Weise vorgenommen, daß bloß eine Elektrode mit oder ohne isolierende Zwischenschicht aufgelegt wird. Der Strom dringt an dieser Stelle in den Körper ein und fließt zur Erde ab. Dabei spielt es keine besondere Rolle, ob der Patient unmittelbar auf dem Erdboden steht oder ob er etwa durch eine isolierende Schicht von der Erde getrennt ist. Für den Kw.-Strom bildet ja eine isolierende Schicht kein unüberwindliches Hindernis, sondern nur einen kapazitiven Widerstand endlicher Größe. Da die Stromlinien weit auseinandertreten, ist die Wärmeverteilung noch schwieriger zu übersehen als im Kondensatorfeld. Diese Behandlungsform wird ebenfalls ohne jede brauchbare objektive Dosierung ausgeführt.

Spulenfeld. In letzter Zeit hat Kowarschik das Kw.-Spulenfeld zu Behandlungszwecken herangezogen. Der zu behandelnde Körperteil wird entweder in das Innere einer fixen Metallspirale eingeführt oder mit einer Gummibinde, die in ihrem Inneren ein Metallband enthält, umwickelt. Eingehende Untersuchungen zeigen, daß das Spulenfeld dem Kondensatorfeld sehr ähnlich ist. In diesem Frequenzbereiche verhält sich nämlich die Spule, deren Inneres durch ein Medium hoher Dielektrizitätskonstante ausgefüllt ist, wie ein Kondensator. Dabei wird der Gegenstand im Inneren der Spule in der Richtung der Längsachse vom Strom durchsetzt, die Isolation zwischen Metall und Gegenstand wird kapazitiv übersprungen. Man kann die Spule entweder in den Nebenschluß eines Schwingungskreises legen oder man kann auch die Spule selbst als Kondensator eines Schwingungskreises verwenden. Dieser besteht dann aus dem Solenoid und dem Induktionsbügel, also scheinbar aus zwei Spulen. Die Erwärmung im Inneren der Spule ist nicht ganz homogen, immerhin ist die

Tiefenwirkung eine recht gute, sofern nur der Abstand zwischen Metallband und Gegenstand nicht zu klein genommen wird. Diese Behandlungsform ist aus leicht ersichtlichen Gründen besonders für Extremitäten geeignet.

Elektrotomie und Elektrokoagulation. Ganz kurz soll noch das Wichtigste bezüglich der Elektrotomie und der Elektrokoagulation gesagt werden. Sie gehören eigentlich nicht mehr zur physikalischen Therapie im engeren Sinne, ihr Anwendungsgebiet liegt vielmehr in der Chirurgie. Es kann sowohl mit Diathermie- als auch mit Kw.-Strömen gearbeitet werden (und zwar zweipolig oder einpolig). Im ersten Falle wird eine Elektrode recht groß genommen, während die andere Elektrode die Form einer Nadel oder eines Knopfes erhält. Es ist klar, daß an der Anlegungsstelle der differenten Elektrode die Stromlinien gesammelt werden, so daß die auftretende Erhitzung zu einer Koagulation des Gewebes führt. Wollen wir an Stelle der Verschorfung eine Gewebsdurchtrennung erzielen, so wird die differente Elektrode dem Gewebe so weit genähert, daß Funken überspringen. An der Stelle des Funkenüberganges ist die Erhitzung des Gewebes so stark, daß das verdampfende Zellwasser zu einer Sprengung der Zellmembranen und mithin zu einer Zusammenhangstrennung des Gewebes führt. Die Wirkung ist die gleiche wie bei mechanischer Schnittführung. Aus diesem Grunde heißt die Nadel auch elektrisches Messer. Die elektrische Gewebsdurchtrennung hat den Vorteil der geringeren Blutung, da die kleinsten Blutgefäße durch Koagulation verschlossen werden. In gewissen Gebieten der Chirurgie, in der die Blutstillung schwierig ist (so zum Beispiel in der Hirnchirurgie), ist aus diesem Grunde das elektrische Messer unentbehrlich geworden.

Sachverzeichnis.

Manzsche Buchdruckerei, Wien IX.

[W] **Handbuch der Lichttherapie.** Unter Mitarbeit von O. Bernhard-St. Moritz, O. Chievitz-Kopenhagen, F. M. Exner-Wien, F. Hauer-Wien, W. Hausmann-Wien, K. Huldschinsky-Berlin, E. Lang-Erlangen, A. Laqueur-Berlin, G. Politzer-Wien, L. Schönbauer-Wien, J. Sorgo-Wien, O. Strandberg-Kopenhagen, J. Urbanek-Wien, R. Volk-Wien, C. H. Würtzen-Kopenhagen. Herausgegeben von **W. Hausmann** und **R. Volk.** Mit 106 Abbildungen und 36 Tabellen im Text. IV, 444 Seiten. 1927. RM 36.—; gebunden RM 38.—

Die Licht-Therapie. Von Dr. med. **Hans Malten,** Leitender Arzt des Dr. Maltenschen Institutes für Nerven- und Stoffwechselkranke Baden-Baden. Mit 66 Textabbildungen. VII, 88 Seiten. 1926. RM 6.60*

Die Quarzlampe und ihre medizinische Anwendung. Mit einem Anhang über Wärmelampen. Ein Lehrbuch von Dr. **Erich Wellisch,** Assistent des Institutes für physikalische Heilmethoden im Krankenhaus der Stadt Wien. Mit einem Geleitwort von Primararzt Dr. Josef Kowarschik. Mit 80 Abbildungen. VIII, 168 Seiten. 1932. RM 8.60; gebunden RM 9.60

Die Lichtbehandlung des Haarausfalles. Von Dr. **Franz Nagelschmidt,** Berlin. Vierte Auflage. Mit 89 Abbildungen. IV, 82 Seiten. 1926. RM 3.90*

Physikalisch-technisches Praktikum für Mediziner. Eine Einführung in die Anwendung von Meßmethoden und Apparaturen. Von Dr. phil. **Alfred Krethlow,** ehem. I. Assistent am Physikalischen Institut der Universität Basel. Mit 127 Abbildungen. VII, 232 Seiten. 1930. RM 15.60*

Einführung in die Elektrizitätslehre. Von Dr.-Ing. e. h. **R. W. Pohl,** Professor der Physik an der Universität Göttingen. („Einführung in die Physik", Bd. II.) Dritte, verbesserte Auflage. Mit 393 Abbildungen, darunter 20 entlehnte. VIII, 264 Seiten. 1931. Gebunden RM 13.80*

Lehrbuch der Physik in elementarer Darstellung. Von Dr.-Ing. e. h. Dr. phil. **Arnold Berliner.** Fünfte Auflage. Mit 847 Abbildungen. VII, 736 Seiten. 1934. Gebunden RM 19.80

[W] **Photographisches Praktikum für Mediziner und Naturwissenschaftler.** Herausgegeben von Dr. **Alfred Hay †,** Wien. Mit 299 Textabbildungen, 3 Tafeln und 3 Diagrammen. X, 531 Seiten. 1930. RM 39.—; gebunden RM 42.—

** Auf die Preise der vor dem 1. Juli 1931 erschienenen Bücher des Verlages Julius Springer in Berlin wird ein Notnachlaß von 10% gewährt. [W] Verlag von Julius Springer, Wien.*

Die Diathermie. Von Dr. **Josef Kowarschik,** Primararzt und Vorstand des Institutes für Physikalische Therapie im Krankenhaus der Stadt Wien. Siebente, verbesserte Auflage. Mit 145 Abbildungen. VIII, 243 Seiten. 1930. Gebunden RM 16.80*

Elektrotherapie. Ein Lehrbuch von Dr. **Josef Kowarschik,** Primararzt und Vorstand des Institutes für Physikalische Therapie im Krankenhaus der Stadt Wien. Dritte, verbesserte Auflage. Mit 269 Abbildungen und 5 Tafeln. XI, 312 Seiten. 1929.
RM 22.60; gebunden RM 24.40*

W **Leitfaden der Elektrotherapie.** Von Dr. **Fritz Kraus,** Assistent für Physikalische Therapie an der Deutschen Psychiatrischen Universitätsklinik in Prag. VI, 48 Seiten. 1928. RM 2.80

Lehrbuch der Diathermie für Ärzte und Studierende. Von Dr. **Franz Nagelschmidt,** Berlin. Dritte, neu bearbeitete Auflage. Mit 190 Textabbildungen. X, 374 Seiten. 1926.
RM 21.—; gebunden RM 22.50*

W **Praktikum der Hochfrequenztherapie (Diathermie).** Mit einem Anhang: Phototherapeutische Methodik. In sechs Vorträgen. Von Dr. **Hans Leo Stieböck,** Poliklinischer Assistent, Leiter der Station für Strahlentherapie an der Wiener Allgemeinen Poliklinik, II. Medizinische Abteilung (Vorstand: Professor Dr. A. Strasser). IV, 38 Seiten. 1926. RM 2.40

Die Praxis der physikalischen Therapie. Ein Lehrbuch für Ärzte und Studierende. Von Dr. **A. Laqueur,** Dirigierendem Arzt der Hydrotherapeutischen Anstalt und des Medikomechanischen Instituts am Städtischen Rudolf Virchow-Krankenhause zu Berlin. Dritte, verbesserte Auflage. Mit 98 Abbildungen. X, 358 Seiten. 1926. RM 18.—*

W **Diathermie, Heißluft und künstliche Höhensonne.** Von Priv.-Doz. Dr. **Paul Liebesny,** Wien. („Bücher der ärztlichen Praxis", 15. Band.) Mit 30 Textabbildungen. VI, 73 Seiten. 1929.
RM 2.80

Die physikalische Therapie der Herz-, Gefäß- und Zirkulationsstörungen. Von Dr. **Franz M. Groedel,** Bad Nauheim, Privatdozent für Röntgenkunde an der Universität Frankfurt a. M. 111 Seiten. 1925. RM 3.60*

** Auf die Preise der vor dem 1. Juli 1931 erschienenen Bücher des Verlages Julius Springer in Berlin wird ein Notnachlaß von 10% gewährt. W Verlag von Julius Springer, Wien.*

GPSR Compliance

The European Union's (EU) General Product Safety Regulation (GPSR) is a set of rules that requires consumer products to be safe and our obligations to ensure this.

If you have any concerns about our products, you can contact us on ProductSafety@springernature.com

In case Publisher is established outside the EU, the EU authorized representative is:

Springer Nature Customer Service Center GmbH
Europaplatz 3
69115 Heidelberg, Germany

Batch number: 10577917

Printed by Printforce, the Netherlands